U0155747

蝴蝶图鉴

壹号图编辑部 编著

江苏凤凰科学技术出版社 · 南京

图书在版编目（CIP）数据

蝴蝶图鉴 / 壹号图编辑部编著. — 南京 : 江苏凤
凰科学技术出版社, 2017.4（2022.5 重印）
（含章·图鉴系列）
ISBN 978-7-5537-7323-0

Ⅰ. ①蝴… Ⅱ. ①壹… Ⅲ. ①蝶 – 图集 Ⅳ.
①Q969.432.2-64

中国版本图书馆CIP数据核字(2016)第246666号

含章·图鉴系列

蝴蝶图鉴

编　　　著	壹号图编辑部
责 任 编 辑	汤景清　倪　敏
责 任 校 对	仲　敏
责 任 监 制	方　晨
出 版 发 行	江苏凤凰科学技术出版社
出版社地址	南京市湖南路 1 号 A 楼，邮编：210009
出版社网址	http://www.pspress.cn
印　　　刷	北京博海升彩色印刷有限公司
开　　　本	880 mm × 1 230 mm　1/32
印　　　张	6
插　　　页	1
字　　　数	230 000
版　　　次	2017年4月第1版
印　　　次	2022年5月第2次印刷
标 准 书 号	ISBN 978-7-5537-7323-0
定　　　价	39.80元

图书如有印装质量问题，可随时向我社印务部调换。

前言

　　蝶，通称为"蝴蝶"，被人们称作"会飞的花朵""虫国的佳丽"，也被誉为和平、幸福、爱情忠贞的象征。罗曼·罗兰曾经这样称赞道："蝴蝶在思索中幻想美，因此它有冲破现实之茧的生命利剑。"古希腊的哲学家也有过客观地论断："蝴蝶，尔曾为蛆虫。"给人们留下这样的启示：只要具备了条件，卑微的事物也可能"化茧成蝶"，变为像蝴蝶那样美丽的精灵。

　　6000多万年前，蝴蝶便在地球上出现，比人类的出现更早，它们和人类在同一蓝天下生活，都是自然界的成员。翩翩飞舞的蝴蝶不是美丽而没有价值的"花瓶"，它们在吮吸花蜜的同时，还能起到传播花粉的作用，是传粉的媒介。蝴蝶是大自然的舞姬，美的精灵，深受人们的喜爱。

　　本书共分为3大章节，分别为蛱蝶总科、凤蝶总科、灰蝶总科。蝴蝶按照其特征和进化的程度可分为蛱蝶总科、凤蝶总科、灰蝶总科和弄蝶总科，共计4大总科，由于弄蝶总科蝴蝶的图片和资料较少，所以在本书中不作详细的列举和解读。而蛾类和蝴蝶在外形上比较相似，且都属于完全变态的昆虫，因此本书将蛾类在最后以附录的形式呈现给大家。

　　书中共收录了近200种蝴蝶与蛾类的400多张图片，详细介绍了每种蝴蝶与蛾类的名称、别名、科属、翅展、特征、幼体期、分布、活动时间和食物等方面的内容，细致描绘蝴蝶、蛾类的各个部位的特征，以图鉴的形式展现给大家。此外，本书在专题部分，还系统介绍了蝴蝶的分类、形态、生长阶段、生活习性以及如何观察和饲养蝴蝶、保护与利用蝴蝶、区别蝴蝶与蛾等内容。

　　本书内容丰富，文字描述准确，插图清晰，是读者了解、欣赏蝴蝶和蛾类的理想读物，可供广大蝴蝶爱好者以及蝴蝶标本收藏家收藏和使用。

阅读导航

介绍蝴蝶的别名、科属、翅展，了解蝴蝶的基本情况。

介绍蝴蝶成虫的基本知识，包括它们的翅膀特点、身体特征，方便读者识别和分辨。

介绍了蝴蝶幼体期的身体特征、寄主植物和食物的情况，以及蝴蝶的分布范围。

注：本书蝴蝶配图默认为背面图，腹面图则以"腹面"二字明示区别。

别名：无　　科属：闪蝶科闪蝶属
翅展：9～11厘米

黎明闪蝶

　　黎明闪蝶是淡蓝色的蝴蝶，身体为深褐色或黑色。雄蝶前翅面有辉煌的淡蓝色，翅前端缘黑色的齿纹带能通过翅膀的底部显示，有较小的4个眼纹。后翅呈明亮的淡蓝色，有黑色和白色光泽，内边缘呈灰色，翅边缘分布有较宽的白色斑点链。翅反面为棕色、灰色，分布有大理石斑纹，雌雄蝶两性有差异，雌蝶比雄蝶要大，翅面有淡蓝色的鳞片。

◎ 幼体期：幼虫头部经常生有突起，体节上长有一些枝刺，腹足趾钩1～3序呈中列式。幼虫大多结群生活，以各种攀缘植物尤其豆科植物的叶片为食，如果遇到危险，会从体内发出刺激性的气味赶走敌人。

◎ 分布：玻利维亚、秘鲁南部。

翅反面为棕色和灰色

大理石斑纹

腹面

后翅的4个眼状斑纹

蝶翅有淡蓝色光泽

前翅顶部呈黑褐色

翅边缘的斑点链

后翅为明亮的淡蓝色

身体黑色或深褐色

后翅边缘呈灰色

活动时间：白天　　**采食：坠落的腐果、粪便等汁液。**

別名: 无　　科属: 闪蝶科闪蝶属
翅展: 16 ~ 18 厘米

月神闪蝶

　　月神闪蝶飞行比较快速, 身体为棕色和白色, 翅面色彩鲜艳, 雄蝶翅膀上经常有较宽的黑色边缘, 前翅有蓝色的金属光泽, 从其身体到飞翼间有一块区域, 呈深褐色。后翅为黑色, 靠近身体有一块辉煌的蓝色区域, 翅缘有蓝色的斑点链。翅膀反面为棕色, 分布有大理石花纹, 还缀有 4 个较大的眼纹, 呈链状排列。月神闪蝶雌雄两性有差异, 雌蝶翅膀为浅棕色, 后翅边缘的斑点链呈黄色。

◎ 幼体期: 幼虫头部常有突起, 体节上生有枝刺。幼虫孵化出后要吃掉许多寄主植物的叶子和嫩芽, 在生长过程中大多要经过 4 ~ 6 次蜕皮。

◎ 分布: 玻利维亚、哥伦比亚、秘鲁、厄瓜多尔, 巴西南部和亚马孙西部等地。

前翅蓝色的金属光泽

翅面呈浅棕色

雄蝶

浅棕色的腹部

后翅边缘的黄色斑点链

中室深褐色的区域

边缘的斑点链

后翅上较宽的黑色边缘

身体为棕色和白色

活动时间: 白天　　采食: 花粉、坠落的腐果和粪便、植物汁液等。

全书为每种蝴蝶配有高清的图片, 让读者可以直观地认识和欣赏蝴蝶。

通过对蝴蝶身体和翅膀的图解, 让读者快速认识蝴蝶的各部位。

介绍这种蝴蝶的活动时间和食物。

目录

黑脉金斑蝶

第二章 凤蝶总科

乌桕大蚕蛾

走近蝴蝶

蝴蝶在世界上大部分国家和地区均有分布，只要是适合人类生活的自然环境，都能够发现蝴蝶的身影，从北极圈的冻土地带到新疆吐鲁番盆地，从热带雨林到沿海红树林沼泽，到处可见它们的踪迹。全世界有14000以上的蝴蝶品种，蝴蝶数量以南美洲的亚马孙河流域最多，亚马孙河附近的茂密雨林水气濛濛，为大量蝴蝶提供了很好的生活场所。

蝴蝶的翅膀绚丽多彩，花纹变幻莫测，这主要是由其翅膀上的鳞片所决定，它不但让蝴蝶的翅色无比艳丽，还给蝴蝶穿上了"雨衣"，具有保护蝴蝶的作用。如此美丽的生灵，却很少有人知道它的成蝶时间平均只有10～20天。蝴蝶短暂的一生需要经历卵、幼虫、蛹和成蝶4个阶段，而只有在成蝶时才是我们所看到的美丽模样。它们在用自己独特的"行为艺术"，自觉而不做作地展示生命的美好，默默地为大自然献上自己的生命和色彩，为我们的生活增添了更多灵动的气息。

蝴蝶爱美，也爱花，拥有超然的灵性，这和女性不是很相似吗？所以才有了"蝴蝶夫人"和"花蝴蝶"的说法，而在《红楼梦》中，薛宝钗扑蝶的一幕可入画，也可为诗。

世界上已知的最大的蝴蝶要属亚历山大鸟翼凤蝶的雌蝶，其翅展可达31厘米。我国体型最大的蝴蝶是金裳凤蝶，其雌蝶翅展可达15厘米，而产于阿富汗的小灰蝶是世界上最小的蝴蝶，翅展仅为1.6厘米。

中国目前已知的蝴蝶有2153种，已命名的有1300种，其中以云南、海南、广西、四川四省产蝴蝶最为丰富，所产蝴蝶在600种以上，台湾、广东、福建所产蝴蝶均在400种以上。其中云南省有中国"蝴蝶之乡"的称号，而2011年5月正式对外开放的成都华希昆虫博物馆，是公认的全球收藏中国蝴蝶种类最为齐全的博物馆。

蝴蝶的分类

根据蝴蝶的特征和进化的程度，蝴蝶可分为4总科和17科。4总科为蛱蝶总科、凤蝶总科、灰蝶总科和弄蝶总科。蛱蝶总科包括绡蝶科、闪蝶科、袖蝶科、蛱蝶科、斑蝶科、环蝶科、珍蝶科和眼蝶科；凤蝶总科包括凤蝶科、粉蝶科和绢蝶科；灰蝶总科包括蚬蝶科、灰蝶科和喙蝶科；弄蝶总科包括弄蝶科、缰弄蝶科和大弄蝶科。由于弄蝶总科蝴蝶的图片和资料不足，不作详细的列举。

蛱蝶总科

绡蝶科

又名透翅蝶科，该科蝴蝶在中国没有分布，飞行较缓慢，多在林区生活。该科包括一些小型到中型的蝴蝶，身体和触角均细长，翅膀狭长。一些种类翅上鳞片稀少，黄白色半透明如绡帕，另一些蝶种翅面呈红褐色，缀有黑色或黄色的斑纹。

闪蝶科

为大型华丽的蝶种，翅膀宽而且大，常以黑、白色为基调，缀有红、青、蓝等颜色的斑纹，腹部特别短粗。所有种类在翅的反面多少都有成列的眼斑。它们在白天活动，飞行快速敏捷，常以坠落果实的汁液为食物。该科蝴蝶只分布在南美洲。

袖蝶科

从蛱蝶科分出，又叫长翅蝶科，由于体内含有毒素，也被称作毒蝶科。成虫头部较大，触角和腹部细长，翅狭长，前翅的长度是宽度的两倍，多数种类为黑色，翅面缀有红色、黄色或白色的斑纹，色彩美丽。该科蝴蝶容易饲养且寿命较长，主要分布在南美洲。

蛱蝶科

  为小型至中型的蝶种，少数为大型种，是蝶类中为数最多的一科。本科蝶种色彩丰富，形态各异，容易识别。蝴蝶成虫的下唇须很粗壮，触角得端部明显加粗，呈锤状，翅形丰富，变化多，前翅多为三角形，而后翅近圆形或近三角形。

斑蝶科

  为中型或大型的蝶种，身体多为黑色，头部和腹部缀有白色小点，翅膀大多色彩鲜艳，呈黄色、黑色、白色等。成虫的触角端部逐渐加粗，胸部侧面常有较多白斑，前后翅近似三形，后翅为圆三角形。幼虫以夹竹桃科或萝藦科的有毒植物为食物。

环蝶科

  多属中型至大型的蝶种，身体较小，两翅的面积较大，前翅近似三角形，后翅近圆形，常以灰褐、黄褐色为翅面基色，有黑色和白色斑纹为饰。翅膀上缀有大斑点，两翅反面的近亚外缘经常缀有较多环状的斑纹。分布在亚洲、南美洲和澳大利亚。

珍蝶科

  又称班蛱蝶科，属中小型蝶种，成虫的触角端部逐渐加粗，前足退化，雌蝶在完成交尾后，腹部末端会出现三角形的臀套。该科蝴蝶褐色或红色的翅面上缀有黑色、白色的斑纹，前翅为窄长的卵圆形，明显比后翅长，后翅近卵圆形。

眼蝶科

多属小型至中型的蝶种，一般以灰褐、黑褐色为底色，翅面分布有黑色和白色的斑纹。成虫的触角端部逐渐加粗，前足退化，前翅为圆三角形，后翅近圆形，翅上经常缀有比较显著的外横列眼状斑或圆斑。幼虫的寄主一般为禾本科植物。

凤蝶总科

凤蝶科

为中型至大型的美丽蝶种，多以黑色、黄色、白色为底色，前翅和后翅均近似三角形，翅面缀有红、黄、蓝、绿等色的斑纹，后翅多有尾带。本科蝶种多产于热带和亚热带地区。幼虫一般以芸香科、伞形科植物为食，有时为害虫，如金凤蝶的幼虫等。

粉蝶科

本科蝴蝶通常为中型或小型蝶种，翅面颜色较素淡，多为黄色、白色和橙色，且常缀有黑色或红色斑纹，前翅为三角形，后翅呈卵圆形。多数种类的翅膀表面如覆粉状。该科约有 1241 种蝴蝶，分布较为广泛，主要分布在非洲中部和亚洲。

绢蝶科

本科蝶种多为中等大小，产自高山，耐寒，飞行较缓慢。成虫的触角较短，端部膨大呈棒状，身体长有密毛，翅色为白色或蜡黄色，翅膀近圆形，呈半透明状，翅面分布有黑色、黄色或红色的斑纹，斑纹一般为环状。

灰蝶总科

蚬蝶科

本科蝴蝶属小型蝶种,喜欢在阳光明媚时飞翔,翅膀一般在休息时展开。成虫的触角缀有多数白环,头部较小,前翅多为三角形,后翅近卵圆形,以红色、黑色、褐色为主,缀有白色的斑纹,而且两翅正、反面的颜色和斑纹对应相似。幼虫头部较大,身体短而且扁,生有细毛。

灰蝶科

本科蝴蝶属小型蝶种,是蝴蝶的第二大分类,多在热带和亚热带地区分布。成虫的触角缀有不少白色的环纹,前翅多为三角形,后翅近卵圆形,翅膀正面多为灰色、黑色、褐色等,部分种类的两翅表面泛有紫色、蓝色、绿色等的金属光泽。其幼虫身体呈扁平状,身上的腺体能够分泌出蜜露。

喙蝶科

本科蝴蝶属中小型蝶种,种类较少,全世界只有10种,大部分蝶种分布在南美洲和北美洲,亚洲、非洲、欧洲也有分布。成虫的头部较小,触角端部膨大呈锤状,生有较长的下唇须,是头部长度的两倍以上,前翅呈三角形,后翅呈多边形,翅面为灰褐色或黑褐色,分布有白色或红褐色的斑。

蝴蝶的形态

蝴蝶在我们的生活中比较常见，它的身体结构包括头部、胸部和腹部3部分。

头部：头部有口器、眼和触角。口器为虹吸式口器，眼为复眼。蝴蝶的前足与触角都是蝴蝶的感觉器官。

胸部：蝴蝶的胸部有两对翅膀和3对胸足。

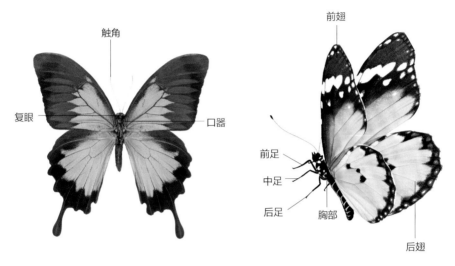

腹部：蝴蝶的腹部是生殖器官的所在。交尾时雌雄蝴蝶一般腹部相连，头部反向；已经交尾过的雌蝶在雄蝶飞临时，会将翅膀平展，腹部高高翘起，这就表明雌蝶不再接受交尾。而雌性珍蝶在交尾后会长出特殊的臀套，避免再次交尾。

虎斑蝶的腹部

正在交尾中的蝴蝶

蝴蝶的生长阶段

蝴蝶是完全变态类的昆虫，它们的一生要经过四个生长阶段：卵、幼虫、蛹、成虫。

卵

　　雌蝶一般将卵产在幼虫喜欢吃的植物叶面上，即所谓的"寄主植物"，方便孵化后的幼虫进食。卵通常散产，一次只在一个地方产下一枚卵，也有聚产的，几枚卵产在一起，也有在卵上覆盖有母虫体毛。

　　卵有各种不同的形状，一般呈圆球形（如凤蝶科）、半球形（如弄蝶科、蛱蝶科）、椭圆形（如眼蝶科）或扁圆形（如灰蝶科），颜色多为黄色、白色、绿色等，不同品种的蝴蝶，其所产下卵的大小差别也较大。卵的顶部有细孔，即受精孔，是精子进入的通路。卵的外壳对于此时的幼虫有着保护作用。卵是一个生命的开始，经过复杂的胚胎变化后成为幼虫，咬破卵壳后便可出来。

幼虫

　　蝴蝶的幼虫多为肉虫，少数为毛虫，大体呈圆柱形，比较柔软，可分为头部与胴部两个部分。

　　头部呈圆球形或半圆球形，也有的幼虫有角状的突起或分叉。幼虫的胸部和腹部统称为胴部。胴部的前面3节是胸部，后面10节是腹部，共生有5对腹足。幼虫身体上缀有不同颜色的条纹，或者生有各种形状的毛或棘。

　　幼虫破开卵壳出来后会先把卵壳吃掉，然后再吃寄主植物的叶片，随着身体的不断长大，幼虫便脱去旧的表皮，长出更宽大的新表皮，这叫蜕皮。然后再不断地进食、长大、蜕皮，每蜕皮一次便意味着幼虫长大一龄，通常有四至五龄。幼虫充分老熟时会去找寻合适的地方，准备化蛹。

蛹

　　蛹是蝴蝶的转变时期，其内部器官在进行根本性的改造，既要把之前幼虫的身躯破坏掉，又要组合形成成虫的美丽身躯。

　　蛹的触角、喙管、翅和足的芽体紧贴在身体腹面，包在最后一次蜕皮时黏液形成的透明薄膜中。蛹一般能够拟态或具有保护色，藏在隐蔽的地方，避免被发现。

　　蛹的形状有椭圆形或纺锤形（如灰蝶科）、筒形（如弄蝶科）、棱形（如粉蝶科）或畸形（如凤蝶科及蛱蝶科）等。蛹可分为3种类型：垂蛹（蛹头向上，蛹中部以丝线缠着捆在树枝上）、挂蛹（蛹尾向上，丝线缠着尾部倒挂在树枝上）和包蛹（蛹被丝线完全包裹着，并藏在植物的花朵和果实中）。

　　等到蛹的内部器官改造完成时，便会羽化。羽化完成后，等皮肤变硬就能够在天空飞翔。

成虫

　　成熟后的蛹破壳钻出，其体内的液体会受到肌肉的挤压，到达翅膀内，把还是皱巴巴的翅膀撑开，再由腹部把这些液体排出，经过一段时间后蝶翅愈合并干燥变硬。在这个时间段内，蝴蝶没有办法躲避天敌，处在危险期。

　　蝴蝶的成虫主要以花蜜为食物，有的蝶种也吸食溢出的树汁、水中溶解的矿物质、腐烂的果实、牲畜粪便等。

　　一般来讲，蝴蝶的成虫经交配、产卵后会在冬季到来前死亡，但个别的蝶种会迁徙到南方过冬，这种迁徙的蝴蝶群非常壮观。美洲的墨西哥和中国的云南等地都是比较著名的蝴蝶越冬地点。

　　这是蝴蝶一生所要经历的四个阶段，生命的起起落落就这样在大自然轮番上演。

蝴蝶的生活习性

幼虫

食物方面

幼虫是蝴蝶一生中主要的取食和生长阶段，很大一部分的蝴蝶幼虫都是植食性，以寄主植物的叶片为食物，如菜白粉蝶幼虫初龄时只啃食叶片背面的叶肉，剩下透明的上表皮，然后便将叶片咬空，留下孔洞；有的幼虫嗜食花蕾，如橙斑襟粉蝶、花粉蝶等；有的幼虫蛀食幼果或嫩荚，如灰蝶。除此之外，还有的幼虫是肉食性，如灰蝶科中的蚜灰蝶幼虫偏爱吃咖啡蚧，蚜灰蝶幼虫以蚧壳虫或蚜虫为食物，而竹蚜灰蝶的幼虫则专吃竹蚜，这样的肉食性种类比较少，属于蝶类中的益虫。

活动方面

所有卵粒散产的蝴蝶，幼虫都会单独活动，而产下卵聚集成堆的蝴蝶，它们的幼虫也经常群居，集体进食或栖息。以报喜斑粉蝶和苎麻蛱蝶为例，它们的幼虫经常几十条聚在一块。稻弄蝶幼虫尽管总是单独生活，但它们喜欢用丝将几片叶子缀连起来，在叶苞中间生活和进食。很多蝴蝶的幼虫都在早晨和傍晚活动，而弄蝶的幼虫则一般在夜间活动。

栖息方面

蝴蝶的幼虫一般将寄主植物的叶片用丝连缀起来做成巢，在里面栖息。不过缀叶的方法有所不同，香蕉弄蝶的幼虫将一片香蕉叶的边缘褶黏成窝巢，而稻弄蝶的幼虫则总是将数枚叶片连缀成巢，供自己栖息。

成虫

食物方面

很多蝴蝶的成虫喜欢飞翔，此外，它们还需要完成交尾和产卵的任务，这都需要及时进食，以补充消耗的体力。大多数的蝴蝶

都喜欢访花、吸花蜜，甚至不同的蝶种偏爱不同的蜜源植物。比如蓝凤蝶，它偏爱吸食百合科植物的花蜜；菜粉蝶，它喜爱吸食十字花科植物的花蜜；而豹蛱蝶则嗜好吸食菊科植物的花蜜。

也有的蝴蝶以树木伤口流出的汁液和腐烂果实的汁液、牲畜粪便汁液或动物腐尸汁液为食物。还有一些不吸食花蜜的蝴蝶如竹眼蝶，以无花果的汁液为食物，淡紫蛱蝶以杨树、栎的酸浆为食物。一些蝴蝶有饮水的习惯，如青凤蝶经常在山区小溪沟边或低湿地面上群集饮水。

蝴蝶的主要活动是飞翔，不同种类的蝴蝶飞翔姿态也是不一样的，有快有慢，姿态万千。有的蝴蝶属变温动物，它们的体温和活动会受到外界温度变化的影响。蝴蝶大多在白天进行活动，通常在阳光下飞翔，而在阴雨天一般不飞。一些蝶类如黑脉金斑蝶，在进行迁徙时能振翅飞翔，远涉重洋，其长途迁移甚至被科学家列为自然界十大奇迹之一。

栖息方面

蝴蝶是昼出活动的昆虫，到傍晚来临时，它们各自选择安静而隐蔽的场所栖息。蝴蝶大多单独栖息，有些种类喜欢聚在一起栖息，例如某些斑蝶，甚至有些蝶种还会成千上万地群集在一起，我国台湾的"蝴蝶谷"和云南大理的"蝴蝶泉"就是较好的例子。大部分种类的蝴蝶喜欢在植物的枝叶上栖息，而有些蝶种则喜欢栖息在悬崖峭壁上。

此外，个别蝶种具有自己独特的栖息习惯。比如喙凤蝶，它们会像蜻蜓那样在树林上空徘徊、飞翔一段时间后，落到树梢上面休息，隔一段时间后会再次起飞。除了进食以外，从不落到地面上来，所以这类蝴蝶不易见到，也不容易捕捉。

还有一些蝴蝶如翠灰蝶，具有领域性，它们喜欢在山路、隧道的灌木叶片上栖息，等到其他蝴蝶飞过，便飞过去追赶对方一会儿，然后再回到原处休息。

繁殖

蝴蝶采取交尾的方式进行繁殖。一般蝶类的雄蝶羽化比雌蝶要早，雄蝶在飞翔时，根据雌蝶散发的性信息素寻找羽化不久的雌蝶，追逐雌蝶并伺机进行交尾。待到一定的时机时，雄蝶便会飞到雌蝶上方并释放特有的性信息素，雌蝶闻到这种气味后便会情不自禁来到雄蝶身边，进行交尾。

如果一只停留在叶片上的雌蝶已经交尾过，再有雄蝶飞过来时，雌蝶不会起飞，并且会把翅膀平展，腹部翘起，这表明雌蝶不接受交尾，雄蝶绕飞一阵后便会飞走。有时，不需要交尾的雌蝶在空中飞翔时，可能会遇到数只求爱的雄蝶，雄蝶紧追不舍，无奈的雌蝶便会飞到高空，然后突然急速降落，躲藏起来，从而使自己得以脱身。

蝴蝶的自我防卫

在人们的印象中，蝴蝶是弱小的，纤薄的翅膀，楚楚可怜，不像别的昆虫那样拥有尖锐的刺和爪子等武器，它们总是被描述成脆弱而美丽的生物。物竞天择，适者生存，它们是如何在这个复杂多变的大自然中生存繁衍下去的呢？造化万物的大自然是神奇的，为了保护自己不受鸟类和其他捕食动物的伤害，蝴蝶会利用自己的翅膀，采取一些特别的措施以求得生存。蝴蝶的蝶翅相当于飞机的两翼，分布着各种形状和颜色的图案，它扇动翅膀时，能够利用气流向前行进。事实上它们的翅膀不但有飞行和美观的作用，还具有隐藏、伪装自己以及警戒的功能。

隐藏

宽纹黑脉绡蝶也叫透翅蝶，有着梦幻的色彩，原产于南美洲的热带雨林。它的翅膀薄膜没有色彩，也没有鳞片覆盖，这使得它们看上去像玻璃一般，这有助于它们隐藏自己，不被捕食者发现。

伪装

蝴蝶比较常见的防卫措施是通过各种方式进行伪装，混入自身所处的背景中。很多蝴蝶的翅膀色彩艳丽，它们在休息时将翅膀合拢，这样只露出暗色的面，从而使得显眼的色彩消失不见。

枯叶蛱蝶又叫枯叶蝶，是世界上著名的拟态蝴蝶。它们停下来休息时，会把翅膀紧紧收起竖立，巧妙地隐藏起身躯，只显露出翅膀的反面。一条纵贯前后翅中部的黑色条纹和细纹很像树叶的中脉和支脉，后翅的末端拖着一条和叶柄很相似的"尾巴"。秋天时枯叶蛱蝶的翅膀反面为古铜色，酷似枯叶，颜色常随着季节变化，色彩和形态都和叶色相似，所以当枯叶蛱蝶静止在树枝上时，捕食者很难发现它们的踪迹。

警戒色

很多蝴蝶利用伪装来保护自己，而一些有毒的种类会用翅面明亮的颜色来实行防卫措施。小鸟等一些没有经验的捕食者便不去理会这些带有警戒色的昆虫。有些蝴蝶种类翅膀上具有眼纹，能形成可怕的脸谱来吓退捕食者，例如猫头鹰蝶。

红带袖蝶的翅膀红、白、黑相间，色彩绚丽，其翅膀上的亮红色是对潜在的敌人表示，这种蝴蝶是有毒的，捕食者应该远离它们。这个信号的传递称为警戒作用，而红带袖蝶事实上并没有毒。

此外，蝶类为了避害求存，除了隐藏、伪装和警戒色之外，还有各种吓退外敌的本能，如线纹紫斑蝶雄蝶在被捉时，能在腹端翻出一对排攘腺并迅即散发出恶臭，使食虫鸟类等天敌不得已舍弃，使自身免遭毒手。

宽尾凤蝶的幼虫在受惊时会翻出臭角，让三胸节凸出呈三角形，再加上3个黑色的大斑，形成毒蛇样的威吓姿态，以此自卫。有些蝴蝶幼虫身体上有棘状肉突或突起，例如孔雀蛱蝶、琉璃蛱蝶等，使天敌觉得它不好吃而远离它们。

如何观察蝴蝶

美丽的事物总是能吸引人们的视线，蝴蝶也不例外。在现代社会，人们的休闲时间逐渐增加，便捷的网络和各种型号的相机、望远镜让赏玩蝴蝶等昆虫正在成为一种时尚。蝴蝶爱好者们在野外、蝴蝶园或博物馆等地观察和拍摄蝴蝶，上传到专门的蝴蝶论坛、蝴蝶百度贴吧等进行分享和讨论，玩得不亦乐乎。

说到观察和欣赏蝴蝶，我们脑海里就会浮现出一幅美好的画面：春风和煦，美丽的花丛里翻飞的蝴蝶和一串串欢声笑语。观察保存在博物馆的蝴蝶标本虽然可以看得很清楚，你甚至可以拿起放大镜近距离观察，然而却比不上在自然环境里观察和研究蝴蝶所带来的愉悦享受。蝴蝶本就是大自然孕育出来的精灵，冷冰冰的标本又怎么能把它们的全部魅力保存下来呢？

工欲善其事，必先利其器。出发之前，我们需要准备的工具包括望远镜、照相机、铅笔和笔记本等。把我们所看到的蝴蝶记录下来的最好方法是为它们照相。我们可以用单反相机，配上近距离拍摄蝴蝶用的长焦镜头，用相机拍下蝴蝶栖息的地方，用笔在笔记本上记录下它们的分布、出现的次数、交尾行为和食物，从而为它们建立习性资料。

鉴于蝴蝶的活动能力较强，最好是在它们进食或饮水时进行观察。花园是蝴蝶经常出没的地方，也是最容易观察到蝴蝶的地方。站在花丛附近，耐心等待蝴蝶的到来。蝴蝶是比较敏感的动物，轻微的响动都可能惊动它们。当它们到来，停在花丛休息或吸吮花蜜时，便可以轻轻地靠近它们进行观察。

由于蝶类的生活习性各不相同，因此分布区域也不一样。有的蝶类仅仅在平原地区出现，有的则出现在丘陵和山麓或山顶。而对于一种蝴蝶而言，其寄主植物较多的地方，它们的数量也会较多。如在大白菜种植园里面，能发现大量的菜粉蝶，而在柑橘园内，则会有较多的柑橘凤蝶。总的来说，蝴蝶幼虫最喜欢吃以下六大科的植物：马兜铃科、山柑科、西番莲科、爵床科、芸香科和樟科。因此，在这些科的植物附近，经常能看到蝴蝶翩飞的踪影。除了花丛、寄主植物，树篱、森林边界、日照点等地都是蝶类经常出现的地方。而在路旁如果有牲畜的尿粪，常常会有成群的蝴蝶聚在那里吸食汁液。一般来说，溪流边的潮湿地区和水坑也是蝴蝶偏爱的饮水之地。

此外，蝴蝶的趋食性很强，我们可以把树木伤口处渗出的汁液收集起来，加入蜂蜜稀释后置于平底的敞口容器里，把容器放在蝴蝶经常活动的场所，可以引来多种蝴蝶进食，当然也可以用腐烂的果实等来代替植物汁液引来蝴蝶。

如何饲养蝴蝶

如今饲养蝴蝶的技术已经是相当成熟了，尤其是在一些蝴蝶养殖基地能够大量养殖蝴蝶。当然，我们出于观察和兴趣爱好而进行的养殖，少量饲养即可，花费的金钱也比较少。饲养蝴蝶首先便是引种，我们可以使用采卵或者捕捉幼虫的方式来引种。

我们都知道蝴蝶的成虫是从卵开始的，它们的一生要经过卵、幼虫、蛹和成虫四个阶段。因此，了解蝴蝶最好的方法之一，就是从卵便开始饲养它们。

我们可以在野外采集蝴蝶卵，这需要连同寄主植物的枝叶一起采集回来，或者从专业的蝴蝶饲养场购买自己想要的蝴蝶卵。采集回来的卵要和寄主植物的枝条一起插入盛水的水瓶内，防止植物枯死。卵期应注意保湿，过于干燥会降低孵化率，用湿纱布覆盖在卵面上效果要好一些。等幼虫孵出后，还

应及时把水瓶口堵住，避免有幼虫爬入水瓶而淹死。我们可以把购买的卵放在透明的塑料盒里面，一直到它们孵化为止。注意不要把卵放在过大的容器里面，否则这些卵容易干死。

等到小幼虫孵出后，就要尽快将它们转移，可以用小毛笔或者羽毛轻轻扫下，放在容器内的新鲜食料植物上。另外，食料植物也即是寄主植物的选择，应根据蝴蝶卵的种类来决定。食料植物和蜜源植物的选择是比较关键的一步。

幼虫还小的时候一般可以养在衬有吸温纸的塑料盒里，并定时放入所需的新鲜食料植物叶子。这个时候，不需要在盒盖上打孔通风，那样会使食物加速枯萎。幼虫不宜太挤，因为有些蝴蝶幼虫有自相残杀的习性，所以食料植物要足够，最好有剩余。

幼虫长大后，就要将其移到较大的容器内。幼虫需要鲜活的植物，可以将盆栽的食料植物放进笼子，也可以将纱网缝成袖套罩在灌木枝上，做成饲养幼虫的小笼子。嫩枝条应该垂至地面，这样可以让落下来的幼虫重新爬回食料植物上去。

在准备化蛹的场地时，可以在笼子的底部铺上一层稍微潮湿的泥炭。有一些蛹会越冬，在第二年才会羽化成虫，可以将它们移到一个宽敞的羽化笼里面，并时常喷洒一些雾状的水。此外，还要为即将羽化的蝴蝶准备一些嫩枝条，让它们能够攀爬，展开翅翼。在环境方面，要保证蝴蝶在破茧羽化时有充足的阳光，因为蝴蝶飞舞需要阳光的能量。最后，羽化的蝴蝶不再进食叶片，它们会吸食花蜜或腐烂果实的汁液等，在人工条件下，我们也可以用稀释的蜂蜜或糖水来代替花蜜，甚至可以用啤酒来喂食蝴蝶。

蝴蝶与花的关系

大多数的蝴蝶都喜欢在花丛中穿梭，蝶对花舞，花为蝶香，当蝴蝶停留在花朵上吸吮花蜜时，美艳的蝴蝶和娇艳的花朵便难以分得清楚，所以蝴蝶又被称为"会飞的花朵"。

蝴蝶和花朵都是鲜艳的，是春天的象征，它们一起在春风中飞扬，相映生辉，相得益彰。春夏之际，繁花最艳，花香随风起，蝴蝶乘风舞，它们展示着生命的美好和张力。

哪里有花，哪里就会有蝴蝶，所以才会有"花为谁开，蝶为谁来，花引蝶吸蜜，蝶为花传粉，两相情愿，各受其益"的说法。在大自然众多植物中，蝴蝶和花的关系最深。蝴蝶在花间嬉戏，在以花蜜为食物的同时，它们身体各部位携带的花粉可为花朵进行有效的传粉，使得植物能够完成交配和结出果实的过程，应该说，蝴蝶的传粉效果不比一些蜜蜂的差，蝴蝶可谓重要的授粉昆虫之一。

蝴蝶与花，相携相生，彼此成全，待到花期过后，红消香断，便是蝶魂消散时。似乎越是美好的东西，越是容易受到破坏和摧残。蝴蝶，这些在天空中翩翩起舞的小精灵，竟也不能例外。虽然有的蝶种最长能活 10 个多月，然而总的来说，蝴蝶的寿命是短暂的，一般为 10～20 天，最短的只能活 3～5 天，它们像夏花一样绚烂，在大自然中短暂地停留，然后就静静离去。蝴蝶与花儿一样，它们用生命装点了这个世界，奉献出自己的美丽，使大自然充满更多的生机，虽然给人们留下了无尽的遗憾，也把美丽的身影永远镌刻在人们心中。

古往今来，众多的文人墨客纷纷对蝴蝶形体的美丽、蝶舞花丛的相伴相戏赞美不已。李峤在《李》中写道："蝶游芳径馥，莺啭弱枝新。叶暗青房晚，花明玉井春。"郑谷在《赵璘郎中席上赋蝴蝶》中写道："寻艳复寻香，似闲还似忙。暖烟沈蕙径，微雨宿花房。"钱珝在《春恨三首》中写道："身轻愿比兰阶蝶，万里还寻塞草飞。"他们用传神的妙笔，刻画出了蝴蝶惊艳的美丽以及对花香的依恋，使得古时的花香和蝶香，通过诗词一直传到了今天。

蝴蝶的观赏及经济价值

蝴蝶是美丽的昆虫，是一种重要的昆虫资源，由于其色彩鲜艳，深受人们的喜爱，具有较高的观赏价值和经济价值。它们不仅体态优美、婀娜多姿，点缀了大自然，使自然界变得丰富多彩，它们还是幸福、美好、吉祥、友谊和爱情的象征，能给人以鼓舞、安慰和向往。世界上几乎所有的国家都发行过蝴蝶邮票。有的国家甚至发行了100多款蝴蝶邮票，可见人们对蝴蝶痴醉的热爱和极力的称颂，中外皆是如此。

蝴蝶自古便受到了中国文人墨客的青睐，他们吟诗作词中常提到蝴蝶，如唐代杜甫的"穿花蛱蝶深深见，点水蜻蜓款款飞"、唐代杜牧的"风吹柳带摇晴绿，蝶绕花枝恋暖香"、宋代杨万里的"儿童急走追黄蝶，飞入菜花无处寻"等，无不脍炙人口。而唐代祖咏在《赠苗发员外》中有"丝长粉蝶飞"的诗句，其所指便是尾突细长如丝的丝带凤蝶。而以"蝶恋花"作为词牌，自宋代以来，产生了很多优美的辞章，比如南唐后主李煜

和宋代柳永、晏殊、苏轼等人的《蝶恋花》，无不成为经久不衰的绝唱。明代大文学家徐霞客在他的游记里对大理蝴蝶泉惊叹不已，他写道："泉上大树，当四月初，即发花如蛱蝶，须翅栩然，与生蝶无异；又有真蝶千万，连须钩足，自树巅侧悬而下，及于泉面，缤纷络绎，五色焕然。"

不光诗人和词人，画家们也常常将蝴蝶捕捉进自己的作品中。在明代和清代，蝴蝶和瓜构成的图案寓意着吉祥，蝴蝶和花卉搭配，能让画面更加生动、自然。

蝴蝶在天地之间翩翩飞舞，好像情侣一样传送美妙的信息，成双成对的蝴蝶，自然代表了美好爱情的象征。流传了1600多年的梁山伯与祝英台的爱情悲剧故事，成为千古绝唱，被人们传唱至今。一曲《梁祝》不知感动了多少人，"化蝶"一段的旋律便是描述男女主人公化作比翼齐飞的蝴蝶。

爱因斯坦曾经说过："如果蜜蜂从世界上消失，人类最多还能活四年。"从生态的角度来说，蝴蝶对于人类的生存和蜜蜂相比是处于同等地位的。中国气候多样，因而孕育着十分丰富的蝴蝶资源，然而随着我国城市化进程的不断发展，曾经的"儿童急走追黄蝶""东家蝴蝶西家飞"的情景早已不再出现在我们的生活当中，只能成为美好的记忆。因此，为了顺应现代人回归大自然的心态，作为一种可再生的资源，蝴蝶具有很高的观赏价值和经济价值，利用空间和前景都比较广阔。

对蝴蝶资源的开发和利用，目前最重要的方式是以蝴蝶观赏为主题的蝴蝶园旅游。我国先后建立了数十座蝴蝶园，比较有名的有大理蝴蝶泉公园、成都欢乐谷蝴蝶园以及北京植物园蝴蝶园等。其中，大理蝴蝶泉公园门票收入每年高达 4000 多万元。据不完全统计，每年我国蝴蝶园带来的经济收益在1.5 亿元左右。2009 年 7 月，我国首个世界级蝴蝶生态园在云南昆明西山正式开园。

作为授粉昆虫，蝴蝶为农林植物和作物授粉，保证植物正常生长。随着野生蝴蝶资源受到越来越严重的破坏，导致生物多样性逐渐失衡，不少常见的蝴蝶种类现在也已经难觅其踪影。所以近些年来，越来越多的个人和群体加入了人工养殖蝴蝶的潮流中，蝴蝶的收购、加工和养殖已成为一个新兴行业，一条致富的好路子。我国四川、辽宁等省已经有不少在进行人工养殖蝴蝶，上海、深圳等地的外贸部门大量收购蝴蝶。全世界每年蝴蝶的交易额高达数十亿美元，蝴蝶成了国际市场名贵的工艺品和收藏品。蝴蝶商品贸易经久不衰，每只珍稀蝴蝶售价可达几十美元至数百美元不等，有些珍品甚至价值连城。作为观赏昆虫，蝴蝶已经成为了一种重要的昆虫产业。

蝴蝶产业的发展还包括蝴蝶书签、蝴蝶标本、蝴蝶琥珀、蝴蝶花草工艺品、蝶翅画的制作和销售等。蝶翅画是中国独有的画种，起源于明代晚期，以蝴蝶的翅膀为材料，全手工剪贴而成，是我国民间艺术的瑰宝。

蝴蝶的生存状况与保护

2015年12月，"大学生掏鸟16只被判10年半"一案引起了不小的震动，许多人纷纷表示该案判刑过重。实际上，在野生动物保护者的眼中，这是人们法律意识淡薄才会产生的观点，也是长期执法不严的后果。该案中涉及的鸟是鹰隼，属国家二级保护动物，而这位大学生并非无知，"不识国家保护动物"，有官方证据证实，这位大学生不仅能准确说出猎物名字和生活习性，还曾经利用聊天群、百度贴吧出售猎物。

明知是国家法律保护的动物鹰隼，作为大学生的他还依然捕获并出售牟利，不管他是他被金钱蒙蔽了双眼，还是法律意识淡薄，存在侥幸心理，该案都为我们敲响了警钟，使我们不得不进行反思。事实上，不仅仅是鹰隼等珍稀鸟类的生存环境日益恶化，我们本书的主角——蝴蝶，也面临同样的威胁，种类和数量不断减少，甚至有的蝶种正濒临灭绝或已经灭绝了。

美丽的蝴蝶深受人们的喜爱，而在经济快速发展的今天，我们能够见到的蝴蝶却越来越少，很多地方原本盛产蝴蝶，但由于人们大量捕捉而日渐稀少。例如，四川贡嘎山燕子沟的双尾褐凤蝶由于不法分子的大肆滥捕正濒临灭绝。

蝴蝶和植被、地质地貌、环境污染、生态修复乃至气候变化等方面都有着相当密切而明显的联系。一百多年来，蝴蝶采集者抓捕了大量的蝴蝶，这对蝴蝶数量的影响比较小。然而，近些年来，由于栖息地遭到严重破坏、商业性滥捕、环境污染以及气候变暖等原因，世界上很多地区的蝴蝶数量都在不断减少，其数量已经降低到了危险的数值。和其他野生动物一样，蝴蝶是人类的研究对象，它们的生态效益和人类的根本利益是一致的。因此，我们必须想方设法，采取各种可行的手段对蝴蝶加以保护。

太阳神绢蝶和橙灰蝶这两种蝴蝶正在面临着栖息环境改变的危机。太阳神绢蝶是由于山区旅游的盛行，橙灰蝶是由于人类耕作需要而使得它们生存的湿地环境被不断排干而不得不改变栖息环境。

如今的乡村已变成人为控制的环境，为了种植更多的农作物，人们不断地清理土地和排水，这使得很多蝴蝶的栖息环境遭到彻底毁坏。欧亚小豹纹蝶的生存环境由于土地排水而正面临着危机。

喷雾器和杀虫剂的普遍使用，已经对蝴蝶的栖所构成极大的威胁，这不仅仅是对昆虫，其他的动物也因此受到了危害，生态平衡正不断遭到破坏。

热带雨林生活着众多的植物和动物，也是蝴蝶资源最为富饶的栖所，为一些人们所熟知的美丽动人的蝴蝶品种提供了生存环境。然而由于耕种作物和砍伐树木的持续进行，以及一些其他原因，这些蝴蝶品种正面临着威胁，数量日渐稀少。

亚历山大女皇鸟翼凤蝶是世界上最大的蝴蝶，只分布在新几内亚北部省的近岸雨林。它们原本的数量相对较丰富，20世纪50年代，拉明顿火山的爆发破坏了其大片栖息地，使其失去了赖以生存的雨林环境。因此自1989年以来，这种鸟翼凤蝶已经成为濒临灭绝物种。人们不得不将亚历山大女皇鸟翼凤蝶和越来越多受到威胁的蝴蝶品种进行人工养殖，以确保它们不会灭绝。

蝴蝶是我们人类的朋友和盟友，它们在植物间采集花蜜的同时，可以起到传播花粉的作用。此外，一些蝴蝶的幼虫或以杂草为食料作物，或以介壳虫、蚜虫等为食，都属于益虫。

一些保育组织正在陆续列出应该受到保护的蝴蝶品种，以免它们被捕捉一空。黑脉金斑蝶是墨西哥的标志性动物之一，深受墨西哥人的青睐。为了保护黑脉金斑蝶的生存环境，使其不受乱砍滥伐的破坏，2007年11月，墨西哥政府宣布将投入460万美元用于保护这种珍稀蝴蝶。

在中国，《中华人民共和国野生动物保护法》在1989年3月1日正式施行，为拯救珍贵、濒危野生动物、发展以及合理利用野生动物资源提供了法律依据，期间经历两次修改。不过，仅仅有法可依还不够，还应做到有法必依，执法必严，违法必究。

国家一级保护动物中的蝶类有金斑喙凤蝶，而阿波罗绢蝶、中华虎凤蝶、双尾褐凤蝶和三尾褐凤蝶均属于国家二级保护动物。鉴于有些人法律意识淡薄，对蝴蝶的了解以及对保护蝴蝶的重要性认识不足，编者建议可以从以下方面多措并举，唤起更多人从自己做起，从点滴做起，为保护美丽的蝴蝶，保护野生动物，保护我们的地球环境做出自己应有的贡献。

我们都知道，蝴蝶栖息地的植物和环境是它们赖以生存的基础，保护栖息地是保护蝴蝶的重点。所以，应该把成立蝴蝶园、蝴蝶养殖基地，保护蝴蝶栖息地和扼制捕猎、打击盗猎走私同时进行。

此外，我们应该加大宣传，在小学和初中阶段的教学内容上，对学生加强爱护蝴蝶等珍稀动物、保护环境的教育，成立蝴蝶爱护小组等，激发学生们的兴趣和对蝴蝶的喜爱。此外，还可以在电视台、报纸等媒体播放蝴蝶的相关知识，或在各地举办大型蝴蝶文化节，科普相关的知识，让更多的人意识到保护蝴蝶、保护生态环境的重要性，吸引更多人加入保护蝴蝶的队伍中来。

美丽蝴蝶精选

88 多涡蛱蝶

这种蝴蝶是生活在南美洲的蝴蝶物种，它的名称来源于后翅面上的"8"字型图案。这种蝴蝶翅膀上的"8"字型图案充满神秘色彩，其实这种美丽的翅膀不仅具有观赏价值，还有恐吓和欺骗捕食者的功能。此外，这种美丽的翅膀还具有吸引异性的作用。

红带袖蝶

红带袖蝶主要分布在巴西一带，其种已有数百万年的历史。它们的翅膀红、黑相间，其中亮红色的部分是在警告可能的捕食者，它们是有毒的，捕食者最好远离它们。由于其体表的颜色和当时葡萄牙国内邮差制服的颜色很像，故而得名"邮差蝴蝶"。

猫头鹰蝶

猫头鹰蝶是常见大型蝶类，举世闻名。它们经常避开明亮的日光，而在下午和黄昏时飞翔。其名字来自它们翅膀上的图案，在它们的后翅面上，分别缀有一枚像猫头鹰眼睛一样的图案。猫头鹰蝶是所有蝴蝶收藏家都想得到的精品蝴蝶。

枯叶蛱蝶

枯叶蛱蝶是世界上著名拟态的种类，自然伪装的典型。它的前翅顶角和后翅臀角向前后延伸，呈现叶柄和叶尖的形状，翅膀呈褐色或紫褐色，中部缀有一条暗黄色的宽斜带，两侧分布有白点。枯叶蝶的翅膀与落叶非常相近，可以假乱真，使得天敌难以发现它们。

黑脉金斑蝶

黑脉金斑蝶属中型蝶种，有迁徙的习性，每年都会长途迁徙。雌雄两性相似，翅膀正面基色为黄色、褐色和橙色，缀有黑色的斑纹，边缘为黑色，分布有两串白色的细点，绚丽的翅色有警告捕食者的作用。幼虫多为群集生活，以有毒的植物马利筋为食。

蓝闪蝶

蓝闪蝶也称为"蓝摩尔福蝶""蓝色妖姬"，是巴西的国蝶。蓝色的翅膀十分绚丽，当光线照射到它的翅膀上时，会产生折射、反射和绕射等现象，蓝闪蝶翅上的复杂结构在光学作用下产生了彩虹般的色彩。蓝闪蝶更喜欢吃成熟热带水果的汁液，例如荔枝、芒果等。

宽纹黑脉绡蝶

宽纹黑脉绡蝶也称为"玻璃翼蝶""透翅蝶"，是热带蝴蝶。它们能给人梦幻般的感觉。宽纹黑脉绡蝶和其他透明翅膀的蝶类一样，翅膀上没有鳞片，因此很容易识别它们。这种透明的翅膀可以起到隐形的效果，能帮助它们躲避捕食者的猎杀。

老豹蛱蝶

老豹蛱蝶是蛱蝶科豹纹类蝴蝶的总称，有两性异形的特点，雄性老豹蛱蝶要比雌性老豹蛱蝶漂亮。雄性老豹蛱蝶翅膀上长有华丽的橘黄色图案，通过华丽的外表来吸引异性交尾，并用这种惹眼的图案向异性暗示，它们的基因是最优秀的。

第一章
蛱蝶总科

蛱蝶总科的种类繁多，分类很复杂，
全世界约有蛱蝶6000种，
本总科包括斑蝶科、闪蝶科、眼蝶科、
绡蝶科、环蝶科、珍蝶科、袖蝶科和蛱蝶科，
其中蛱蝶科是该总科中最大的一科。
该科蝴蝶体型大小差别较大，
成虫的翅展在3～20厘米间，
共同的特点是雌蝶前足退化，
没有爪，后翅有肩脉。

別名：无　　科属：闪蝶科闪蝶属
翅展：9 ~ 11 厘米

黎明闪蝶

　　黎明闪蝶是淡蓝色的蝴蝶，身体为深褐色或黑色。雄蝶前翅面有辉煌的淡蓝色，翅前缘黑色的齿纹带能通过翅膀的底部显示，有较小的 4 个眼纹。后翅呈明亮的淡蓝色，有黑色和白色光泽，内边缘呈灰色，翅边缘分布有较宽的白色斑点链。翅反面为棕色、灰色，分布有大理石斑纹，雌雄蝶两性有差异，雌蝶比雄蝶要大，翅面有淡蓝色的鳞片。

◯ 幼体期：幼虫头部经常生有突起，体节上长有一些枝刺，腹足趾钩 1 ~ 3 序呈中列式。幼虫大多结群生活，以各种攀缘植物尤其豆科植物的叶片为食，如果遇到危险，会从体内发出刺激性的气味赶走敌人。

◯ 分布：玻利维亚、秘鲁南部。

翅反面为棕色和灰色

大理石斑纹

腹面

后翅的 4 个眼状斑纹

蝶翅有淡蓝色光泽

前翅顶部呈黑褐色

翅边缘的斑点链

后翅为明亮的淡蓝色

身体黑色或深褐色

后翅边缘呈灰色

活动时间：白天 ｜ 采食：坠落的腐果、粪便等汁液。

别名：无　科属：闪蝶科闪蝶属
翅展：16～18 厘米

月神闪蝶

　　月神闪蝶飞行比较快速，身体为棕色和白色，翅面色彩鲜艳，雄蝶翅膀上经常有较宽的黑色边缘，前翅有蓝色的金属光泽，从其身体到飞翼间有一块区域，呈深褐色。后翅为黑色，靠近身体有一块辉煌的蓝色区域，翅缘有蓝色的斑点链。翅膀反面为棕色，分布有大理石花纹，还缀有 4 个较大的眼纹，呈链状排列。月神闪蝶雌雄两性有差异，雌蝶翅膀为浅棕色，后翅边缘的斑点链呈黄色。

⭕ 幼体期：幼虫头部常有突起，体节上生有枝刺。幼虫孵化出后要吃掉许多寄主植物的叶子和嫩芽，在生长过程中大多要经过 4～6 次蜕皮。

⭕ 分布：玻利维亚、哥伦比亚、秘鲁、厄瓜多尔，巴西南部和亚马孙西部等地。

前翅蓝色的金属光泽
翅面呈浅棕色
雄蝶
浅棕色的腹部
后翅边缘的黄色斑点链

中室深褐色的区域
边缘的斑点链
后翅上较宽的黑色边缘
身体为棕色和白色

活动时间：白天 ｜ 采食：花粉、坠落的腐果和粪便、植物汁液等。

第一章 蛱蝶总科 33

别名：海伦娜闪蝶、光明女神蝶、蓝色多瑙河蝶　　科属：蛱蝶科闪蝶属
翅展：7.5 ~ 10 厘米

光明女神闪蝶

光明女神闪蝶是美丽而梦幻的蝴蝶，不仅翅色夺目，而且体态优雅。这种蝴蝶为秘鲁的国蝶，数量稀少，虽然经人工大量的繁殖，但依然十分珍贵，被誉为“世界上最美丽的蝴蝶”。其雌雄两性异形，腹部较短，前翅顶部呈紫黑色，前翅两端的深蓝、湛蓝以及浅蓝色不断地变化，翅面好像蓝色的天空镶嵌着一串光环。翅反面呈褐色，分布有条纹和成列的眼状斑纹。

幼体期：幼虫的头部生有突起，体节上生有枝刺。幼虫喜欢结群生活，孵化后以寄主植物的叶片和嫩芽为食。幼虫生长一般要经过 4 ~ 6 次蜕皮，蜕皮 1 次为一龄，蜕皮后会把旧的外壳吃掉。

分布：巴西、秘鲁等地。

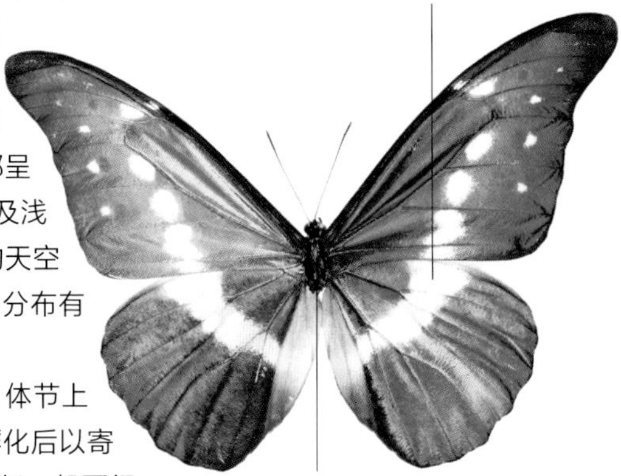
白色带和前翅的白斑相连接
黑色的背部

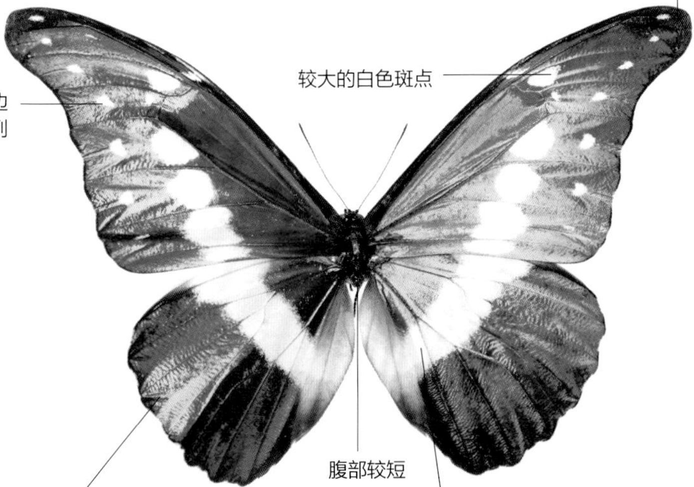
前翅顶部呈紫黑色
较大的白色斑点
前翅近边缘有一列小白斑
腹部较短
蓝色的蝶翅闪亮
后翅较宽的白色带蔓延到前翅

活动时间：白天 | 采食：腐烂的果实、粪便、植物汁液等。

別名：无　　科属：蛱蝶科闪蝶属
翅展：12 ~ 14 厘米

塞浦路斯闪蝶

　　塞浦路斯闪蝶体型大，飞行敏捷，翅膀绚丽多彩。其身体呈黑色，雄蝶前翅正面为明亮的蓝色，前翅边缘有链状的白点，翅膀中间有一条较大的白色链形斑点，后翅缘呈波浪形。翅反面为浅棕色和白色，分布有大理石斑纹，前翅缀有 3 个较大的眼纹。后翅为明亮的蓝色，泛有金属光泽，飞翼上有一条白色宽带，后翅面缀有 6 个大眼纹。雌雄蝶异形，雌蝶翅膀呈橙色和黄色，翅边缘为棕色，体型比雄蝶要大些。

◑ 幼体期：幼虫的头部有突起，体节上生有枝刺，幼虫多为群集生活，孵化出后要吃掉大量的植物叶片和嫩芽。

◑ 分布：巴拿马和哥伦比亚。

前翅明亮的蓝色

雄蝶

黑色的背部

前翅边缘的白点

前翅中间的链形白色斑点较大

边缘的链状白点

白色的宽带

波浪形的翅缘

后翅蓝色的金属光泽

活动时间：白天 ｜ 采食：坠落的腐果、粪便等汁液。

別名：太阳初升蝶　科属：蛱蝶科闪蝶属
翅展：13 ~ 15 厘米

太阳闪蝶

太阳闪蝶是巴西的国蝶，极其珍贵，其双翅非常美丽，翅面的色彩和花纹好像东方的日出，朝霞布满天空。在阳光下可以观察到太阳闪蝶的上半身几乎是透明的。此外，其翅面有比较美好的寓意：太阳的光芒赶走了浓浓的夜色。

○ 幼虫期：幼虫的头部常有突起，体节上面生有枝刺，一般群集生活，寄主植物多为忍冬科、杨柳科、大戟科、桑科、茜草科等植物。遇到危险时它们会从体内发出刺激性气味，赶走敌人。

○ 分布：亚马孙河流域和北部的圭亚那地区。

翅基部颜色较浅，越往周围颜色越深

翅膀的色彩鲜艳

后翅边缘的颜色接近黑色

活动时间：白天 | 采食：花粉、花蜜、植物汁液等

別名：无　科属：蛱蝶科闪蝶属　翅展：10 ~ 15 厘米

三眼砂闪蝶

三眼砂闪蝶翅色鲜艳，雌雄两性差别较大，雄蝶翅膀基色为明亮的金属蓝色，有时或偏蓝色；雌蝶的翅膀上表面部分的暗灰棕色的边距较广泛，翅膀沿外边缘缀有白色的小斑点，前翅顶部有一个较大的黑斑点。反面的翅膀呈棕色，每个翅膀上有3 ~ 4 个色彩鲜艳的眼圈纹，明亮而显眼。

○ 幼体期：幼虫的头部经常有突起，体节上长有枝刺，有明显的彩色"毛丛"。它们大多群集生活，以寄主植物的叶片和嫩芽为食。

○ 分布：巴拿马、哥斯达黎加、委内瑞拉、哥伦比亚和厄瓜多尔等地。

翅外缘呈波浪形

翅面缀有 3 ~ 4 个色彩鲜艳的眼圈纹

活动时间：白天 | 采食：花粉、花蜜、植物汁液、粪便等。

美神闪蝶

　　美神闪蝶不爱访花，身体呈棕色，夹杂有黑色和蓝色，前翅为明亮的蓝色，且有金属光泽，前缘为黑色，翅膀的褐色边缘较宽，边缘带上缀有链状的白色斑点。后翅的蓝色较亮，内边缘为灰色。有两条橙色的斑点链。翅膀的反面为棕色和灰色，缀有5个大眼纹，呈链状分布。雌雄两性相似，雄蝶的体型比雌蝶稍小。

◎ 幼体期：幼虫以寄主植物的叶片和嫩芽为食，一般集群生活，在生长过程中大多经过4～6次蜕皮，其身上的彩色"毛丛"比较明显。

◎ 分布：巴西。

前翅前缘为黑色

后翅明亮的蓝色

内边缘为灰色

活动时间：白天　采食：坠落的腐果、粪便等汁液。

星褐闪蝶

　　星褐闪蝶属大型蝶种，飞行快而敏捷。雄蝶有领域性，用翅膀反射出的金属光泽显示它的领域范围。其整体为黑褐色，有金属般的橙褐色光泽，前翅和后翅正面的外边缘处有两列链状的斑点，黄色或橙色。后翅为黑褐色，外边缘呈波浪形的斑点。翅反面呈棕色和灰色，分布有4个较小的眼纹。

◎ 幼体期：幼虫一般结群生活，寄主为各种攀缘植物，幼虫孵化出后会吃掉大量寄主植物的叶片和嫩芽。幼虫生长过程中要经过4～6次蜕皮。

◎ 分布：南美洲。

金属般的橙褐色光泽

外边缘黄色或橙色的斑点

后翅外边缘呈波浪形

活动时间：白天　采食：坠落的腐果、粪便等汁液。

別名：无　科属：蛱蝶科闪蝶属
翅展：10 ~ 12 厘米

小蓝闪蝶

小蓝闪蝶是比较大型的蝴蝶，外表华丽。其雌雄两性异形，触角细长，身体为深褐色或黑色，腹部较短。雄蝶前翅有蓝色金属光泽，翅膀前缘和翅尖均为黑色，在翅膀前缘和翅尖缀有少量白点。翅膀反面为棕色和米色，3 个微小的褐色圈纹呈链状，翅尖有一个小白点。后翅为闪耀的蓝色，内缘为棕色或黑色。雌蝶要大于雄蝶，其翅膀表面为黄色和褐色，外缘则为棕色，分布有链状的黄色斑点。

◎ **幼体期**：幼虫的头部长有突起，体节上着生有枝刺。幼虫一般集群生活，以豆科植物的叶片和嫩芽为食物。

◎ **分布**：巴西、委内瑞拉、哥伦比亚和秘鲁等地。

雄蝶

细长的触角

腹部较短

后翅呈闪耀的蓝色

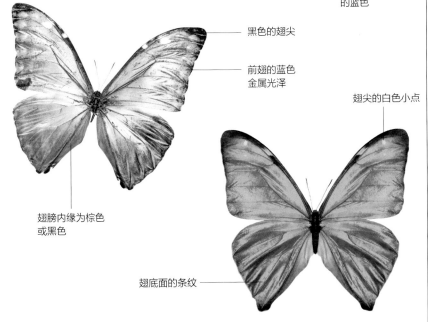

黑色的翅尖

前翅的蓝色金属光泽

翅尖的白色小点

翅膀内缘为棕色或黑色

翅底面的条纹

活动时间：白天 ｜ **采食**：坠落的腐果、粪便等汁液。

梦幻闪蝶

梦幻闪蝶雄蝶身体为深褐色，翅膀底色为黑色，翅膀上的蓝色条带较宽，前翅边缘上有一条小的白色斑点链，后翅具有大片的蓝色区域。前翅和后翅的反面均呈深褐色，分布有大理石斑纹，前翅缀有3 个大眼纹，后翅缀有 4 个大眼纹。雌雄蝶有差异：雌蝶体型比雄蝶要大些，翅膀底色为深褐色，翅边缘缀有黄色的斑点链，中间有一个较宽的黄色部分。

◐ 幼体期：幼虫以豆科植物等多种攀缘植物的叶片为食，幼虫孵化出后要吃掉许多寄主植物的叶子和嫩芽，随着幼虫生长，一般要经过 4 ~ 6 次蜕皮。

◐ 分布：巴拿马、秘鲁、玻利维亚、巴西、圭亚那以及委内瑞拉等地。

前翅较宽的黄色部分

黄色的斑点链

雌蝶

雌蝶翅膀底色为深褐色

前翅顶角附近的白色斑点

翅膀底色为黑色

雄蝶

翅膀上的蓝色条带较宽

后翅外缘呈波状

深褐色的背部

活动时间：白天 | 采食：坠落的腐果、粪便、植物汁液等。

别名：无　　科属：蛱蝶科闪蝶属
翅展：7.5 ~ 20 厘米

夜光闪蝶

　　夜光闪蝶翅面的斑纹绚丽多彩，飞行迅速。其触角细长，背部为黑色，翅膀以绿白色为底色，其翅面一般呈半透明状，在适当的光线下，翅膀白色区域处可见蓝色的鳞片光泽，前翅尖处呈黑色。翅反面一般有明亮的色彩，一些眼纹斑点从淡黄色的背景反射出来。后翅后缘缀有深色和红色的斑点。后翅反面是微微的黄色，中部有一片不规则的浅棕色区域，有个别较大的眼圈纹横跨整个蝶翅，翅后缘有 3 个微红的小斑点和三角形块斑。

◎ 幼体期：幼虫喜欢结群生活，遇到危险时会发出刺激性气味，以各种攀缘植物尤其是豆科植物的叶片和嫩芽为食。

◎ 分布：巴西、秘鲁和厄瓜多尔。

前翅成列的眼纹斑点

翅反面中部不规则的浅棕色区域

腹部较短

后翅外缘呈波状

微微的黄色

前翅尖处为黑色

蓝色的鳞片光泽

翅膀一般为半透明状

翅膀大而华丽

背部为黑色

后翅后缘缀有深色和红色斑点

活动时间：白天　|　采食：腐烂的果实、粪便等汁液。

大白闪蝶

　　大白闪蝶属大型蝶种，其雌雄两性异形。雄蝶身体和翅膀均为白色，腹部较短，翅膀上具有金属般的绿白色光泽，前翅外缘有黑色斑点链，呈齿轮状，翅膀前缘有一条较短的黑褐色条纹。后翅边缘常分布着成串的黑色斑点，可通过翅膀的反面显示出来。后翅反面呈白色，翅膀前缘有两条较短的褐色条纹和 3 个黑色的小眼圈纹，后翅缀有 4 个黑色的小眼圈纹。

◐ 幼体期：幼虫头部有突起，寄主植物一般为堇菜科、杨柳科、桑科、茜草科等植物。幼虫孵化出后以寄主植物的叶片和嫩芽为食。它们大多群集生活，生长过程中要经过 4 ~ 6 次蜕皮。

◐ 分布：从墨西哥至巴拿马，南美洲等地。

绿白的光泽

后翅背面有成
列的黑色眼斑

翅边缘成串
的黑色斑点

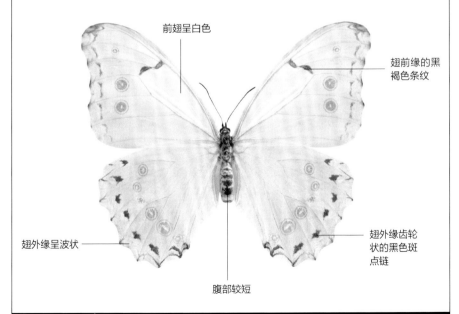

前翅呈白色

翅前缘的黑
褐色条纹

翅外缘呈波状

翅外缘齿轮
状的黑色斑
点链

腹部较短

■ 别名：无　科属：蛱蝶科白蛱蝶属
翅展：6.9 ~ 7.5 厘米

傲白蛱蝶

　　傲白蛱蝶的双翅黑白分明，是比较独特而美丽的蝶种。它们飞行迅速，喜欢在密林当中活动，成虫从5月到10月都能看到其活动。其翅膀为白色，前翅顶端有一块较大的黑色区域，里面镶嵌着两个明显的白斑点。在前、后翅连接处有乳黄色的斑块，后翅有不规则的黑斑点，边缘呈波状。

◎ 幼体期：寄主植物为生长在石灰岩山地珊瑚朴。幼虫可分为绿色型和褐色型两种，从蜕皮进入二龄后幼虫的头上便开始长出鹿角般的长角，五龄幼虫身体外形较特别。

◎ 分布：中国陕西、浙江、四川、福建、江西等地。

大块的黑色区域

黑色区域有两块明显的白斑

后翅不规则的黑斑点

后翅波状的外缘

| 活动时间：白天 | 采食：大树干流出的发酵树汁。 |

■ 别名：无　科属：蛱蝶科丝蛱蝶属　翅展：4.5 ~ 5.5 厘米

八目丝蛱蝶

　　八目丝蛱蝶体型大多为中至大型，少数为小型。其雌蝶翅面呈半透明状，颜色浅黄或乳白，有深色的细纹。雄蝶的翅面则为灰褐色，前翅呈三角形，前后翅中部有一条白色的宽带贯通，后翅近三角形，翅膀外部有一列眼状纹，翅外缘中部有尾状的突起，臀角缀有明显的黑斑。

◎ 幼体期：幼虫身体呈长圆筒形，头部较小，一些种类的幼虫身上长满棘刺，以寄主植物的叶片和嫩芽为食。当幼虫从卵里被孵化出来的时候，会首先吃掉自己的卵壳。

◎ 分布：中国海南，泰国、马来西亚、越南、老挝等地。

翅面浅黄或乳白色

前翅呈三角形

后翅近三角形

翅外缘中部尾状的突起

| 活动时间：白天 | 采食：花蜜、腐烂果实汁液、树汁等。 |

別名：无　　科属：蛱蝶科
翅展：9.5 ~ 10 厘米

白双尾蝶

　　白双尾蝶身躯较为粗壮，背部呈灰白色、绿黄色至白色，翅膀反面呈淡蓝色，上面分布着褐色、绿色和深蓝色的斑点，花纹差异较大。其雌雄两性异形，雄蝶前翅呈灰白色，翅端有三角形状的黑色斑。后翅缘有黑斑点，翅缘斑纹各不相同，独特的尾状突起和与近缘的非洲双尾蝶的尾突很相似。

◑ 幼体期：白双尾蝶的幼虫的头部长有独特的带角。

◑ 分布：从印度北部和巴基斯坦到缅甸等地。

前翅翅端有三角形的黑色斑

前翅呈灰白色

雄蝶

后翅特有的尾状突起

粗壮的身体

翅边缘有黑斑点

活动时间：白天 ｜ 采食：花蜜、果实汁液、树汁等。

別名：无　　科属：蛱蝶科　　翅展：4.5 ~ 6 厘米

白弦月纹蛱蝶

　　白弦月纹蛱蝶具有变异性：第一代的白弦月纹蛱蝶比第二代的显得明亮，而且翅膀的色彩更加艳丽，其背部为黑褐色，触角稍长，端部膨大呈锤状，前翅呈黄褐色，分布有黑色的斑点和斑块，前翅有波浪形的轮廓。后翅中部附近也分布有黑色斑块，背面的图案像一片枯叶，后翅有一个白色的逗号或 "C" 字形斑纹，其名字由此得来。

◑ 幼体期：幼虫黑色的身体生有刺，背部分布有橙褐色的线纹和大白斑。幼虫以刺荨麻和蛇麻草为食。

◑ 分布：从欧洲到北非，并贯穿亚洲温带地区至日本。

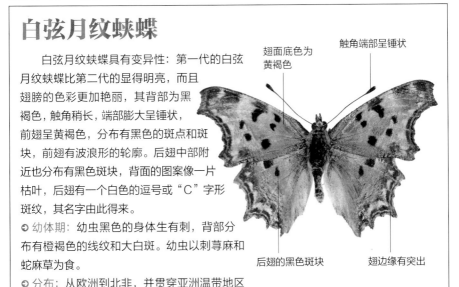

翅面底色为黄褐色

触角端部呈锤状

后翅的黑色斑块

翅边缘有突出

活动时间：白天 ｜ 采食：花蜜、植物汁液等。

别名：无　科属：蛱蝶科锯蛱蝶属
翅展：5～7厘米

白带锯蛱蝶

　　白带锯蛱蝶雌雄异形，色彩鲜艳，观赏性很强。其种有群集性，多在林缘地带、灌木丛附近活动，飞翔较缓慢。雄蝶的翅膀正面为橘红色，前翅正面顶端为黑色，上面分布着白色的斜带。前后翅的外缘均为黑色，锯齿状，上面缀有白色的齿形纹。雌蝶的后翅面为白色，而且还有 4 ～ 5 列黑色的斑点。此外，雌蝶和雄蝶前翅背面的中室内均有 6 条黑色的横线。

❍ **幼体期**：初龄幼虫身体半透明，呈圆柱形，体表由浅黄色渐变为褐黄色，头部为黑色。二至三龄幼虫在叶背取食，四至五龄幼虫在叶面取食。幼虫在蜕皮前会集体转到新叶片嫩茎上，等待蜕皮。

❍ **分布**：中国海南、云南、广东、四川，泰国、马来西亚、印度尼西亚等地。

雌蝶

雌蝶翅膀色彩鲜艳，观赏性很强

黑色齿状外缘的白色齿形纹

后翅有 4 ～ 5 列黑色的斑点

前翅有大块的白色斜带

雄蝶

前翅顶端为黑色

翅膀正面为橘红色

黑色的小圆斑

翅外缘的黑色锯齿状

黄色的腹部

活动时间：白天　采食：花粉、花蜜等。

蓝闪蝶

　　蓝闪蝶是热带蝴蝶，是巴西的国蝶。其翅上有蓝色金属光泽，在光线照射下会产生彩虹般的绚丽光彩，硕大的翅膀能让蓝闪蝶在空中快速飞行。雄蝶的翅膀正面呈蓝色，前翅顶端边缘呈黑褐色。翅反面则呈现斑驳的棕色、灰色、黑色或红色，与树叶比较相似，前翅缀有 3 个明显的眼纹，而后翅则有 4 个大眼纹，翅外缘呈波状。雌蝶翅基为棕褐色，从基部到中间为蓝色，前翅近外缘有两列白斑点，后翅有一列小白点。

◎ 幼体期：寄主植物多为忍冬科、杨柳科、榆科和茜草科等植物，幼虫多为群集生活，孵化出来后要吃掉大量寄主植物的叶片和嫩芽。

◎ 分布：中美洲和南美洲。

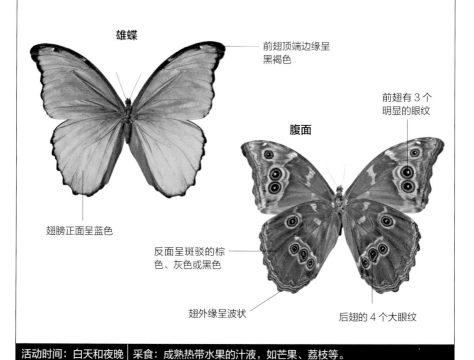

雌蝶

翅基色为棕褐色

前翅边缘有两列白点

从基部到中间为蓝色

后翅的 1 列小白点

雄蝶

翅膀正面呈蓝色

前翅顶端边缘呈黑褐色

腹面

前翅有 3 个明显的眼纹

反面呈斑驳的棕色、灰色或黑色

翅外缘呈波状

后翅的 4 个大眼纹

活动时间：白天和夜晚｜采食：成熟热带水果的汁液，如芒果、荔枝等。

别名：黑框蓝摩尔福蝶、蓓蕾闪蝶　　科属：蛱蝶科闪蝶属
翅展：7.5 ~ 20 厘米

黑框蓝闪蝶

　　黑框蓝闪蝶翅膀的色彩鲜艳，花纹复杂。雄蝶翅上有绚丽的蓝色金属般光泽。前翅和后翅的外缘宽厚，呈暗色，前翅有纯黑色的内缘，翅缘呈波浪形，翅外缘有小白边，后翅内缘有宽的黑褐色带。雌蝶正面蓝色比雄蝶的要淡些。其翅膀反面的底色为褐色，翅面图案独特而醒目，前翅有 3 个黑圈套黄圈的眼纹，翅缘呈黑色，分布有细微的白色斑点。后翅有 4 个大眼纹，其中前缘的眼纹最大，其余 3 个连在一起。

○ **幼体期：**幼虫头部有突起，体节上生有枝刺，有彩色的"毛丛"，并且有一个尾叉。幼虫一般结群生活，以剑叶莎、茅莫木属和其他豆科植物的叶子为食。

○ **分布：**南美洲的雨林地带。

前翅有纯黑色的内缘

后翅暗色的外缘宽厚

前翅边缘为黑褐色

雄蝶

雄蝶翅上有蓝色金属般光泽

边缘有呈链状的小白点

边缘呈波浪形

后翅内缘有宽的黑褐色带

活动时间：白天 ┃ 采食：腐烂果实、植物汁液等。

尖翅蓝闪蝶

　　尖翅蓝闪蝶属大型而华丽的蝶种，雌雄两性异形，身体呈棕色，翅膀一般为半透明状，前翅近三角形，前缘为黑色，翅面几乎完全被蓝色覆盖，端部区域呈黑色，并且向外凸出，有白色的斑点和翅膀外边缘相平行。后翅近方形，后翅翅面的大部分呈蓝色，接近身体的区域为棕色。翅反面的色调为棕色，有白色斑点位于前翅的顶端，3 个排成一列黑褐色的斑点，后翅紧贴身体的内部区域为深褐色。

◐ 幼体期：寄主多为桑科、榆科、忍冬科、大戟科、堇菜科、杨柳科等植物。幼虫大多为群集生活，孵化出后会吃掉大量寄主植物叶片，生长过程中一般会经过 4 ～ 6 次蜕皮。

◐ 分布：秘鲁、哥伦比亚、圭亚那和苏里南等地。

前翅近三角形，顶端狭长

棕色的身体有黑褐色斑点

前翅几乎完全覆盖蓝色

翅膀外边缘有白色斑点

翅膀一般为半透明状

前缘为黑色

后翅近方形

接近身体的区域呈棕色

后翅面大部分覆盖着蓝色

腹部较短

活动时间：白天 ｜ 采食：坠落的腐果汁液。

别名：褐串珠环蝶　科属：蛱蝶科
翅展：6 ~ 7.5 厘米

白星橙蝶

　　白星橙蝶是一种不太显眼的蝶种，触角细长，躯体为橙褐色，腹部分布有绒毛。雌雄蝶的翅膀正面全部为橙褐色，后翅内缘有绒毛，翅形呈椭圆形。翅膀反面为暗褐色，沿着前翅和后翅的边缘缀有黑褐色的线纹和白点。

○ 幼体期：幼虫身体为淡绿色，长有毛，以野生芭蕉的叶片为食物。

○ 分布：印度、缅甸，马来西亚的丛林。

触角细长

橙褐色的翅膀

橙褐色的色彩延伸到躯体上

活动时间：白天 | 采食：花粉、花蜜、植物汁液等。

別名：无　科属：蛱蝶科　翅展：4.5 ~ 5.5 厘米

白阴蝶

　　白阴蝶在夏季飞翔，喜欢访蓟属和矢车菊属的花。白阴蝶的背部为黑褐色，胸部和背部两侧呈绒毛状，腹部细而且长，翅膀上的图案变异较大，但都是独特的黑色和白色，个别类型的蝶种底色为浓黄色，独特的花格图案能和其他的种类加以区分。白阴蝶雌雄两性相似，雌蝶的体型稍大，颜色较淡。

○ 幼体期：幼虫的躯体为淡褐色和黄绿色，背上长有暗色的线条，幼虫以牧场草为食。

○ 分布：欧洲、北非和西亚的温带地区。

蝶翅上有独特的花格形图案

背部呈黑褐色

胸部两侧呈绒毛状

腹部细而且长

活动时间：白天 | 采食：花粉、花蜜、植物汁液等。

别名：无　　科属：蛱蝶科
翅展：5.4 ~ 7 厘米

豹斑蝶

豹斑蝶的触角细长，端部膨大呈锤状，雄蝶前翅棱角分明，具有独特的黑色条纹，上面还有发香鳞。雌蝶翅膀多为橙色，翅膀表面有花豹般橙色的底色和黑色的斑点。后翅反面以绿色为主，似有"镀银"的光彩，其英文俗名由此而得来。

◑ 幼体期：幼虫身体呈暗褐色，背上有两条橙黄色的条纹和红褐色的小刺，以堇菜的叶子为食。

◑ 分布：欧洲、北非，横贯亚洲温带地区至日本等地。

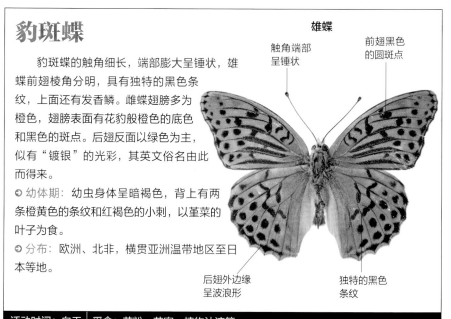

雄蝶

触角端部呈锤状

前翅黑色的圆斑点

后翅外边缘呈波浪形

独特的黑色条纹

活动时间：白天 | 采食：花粉、花蜜、植物汁液等。

别名：无　　科属：蛱蝶科　　翅展：5 ~ 6 厘米

波纹翠蛱蝶

波纹翠蛱蝶雌雄两性基本相似，躯体呈黑色，翅膀为灰褐色或灰绿褐色，分布有黄色或白色的斑纹，轮廓较为明显。前翅外缘呈波状，中部稍微向内凹入，亚顶角斑缀有一大一小两个白色的斑点。后翅中斑列的外侧分布有黑斑点，亚缘的黑色阴影明显，白色横带外侧没有绿色带。

◑ 幼体期：幼虫以金鱼草、水蓑衣属植物为食。

◑ 分布：中国、日本、越南、缅甸、泰国、马来西亚、锡金、印度等地。

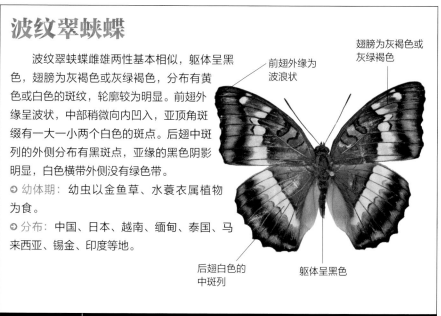

前翅外缘为波浪状

翅膀为灰褐色或灰绿褐色

后翅白色的中斑列

躯体呈黑色

活动时间：白天 | 采食：花粉、花蜜、植物汁液等。

別名：无　　科属：蛱蝶科
翅展：3～4 厘米

橙色蛇目蝶

　　橙色蛇目蝶触角细长，端部膨大呈锤状，身体较长。其前翅和后翅均为金褐色，前翅的边缘呈褐色，前翅反面和正面的图案相似，颜色稍淡。后翅边缘有一个眼圈纹，且有淡灰褐色的外圈，眼纹上方有一块不规则的黄色斑块。

◎ 幼体期：幼虫身体呈粉褐色，分布有颜色较暗的线纹。头部长有一对尖角，而且有毛。幼虫以草类为食。

◎ 分布：澳大利亚的北部和东部。

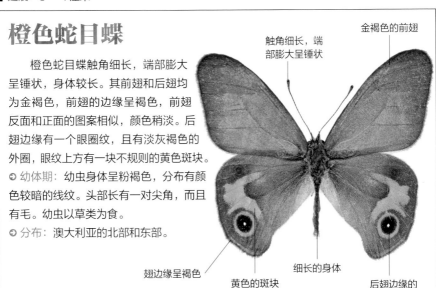

触角细长，端部膨大呈锤状

金褐色的前翅

翅边缘呈褐色

黄色的斑块

细长的身体

后翅边缘的眼圈纹

活动时间：白天　|　采食：花蜜、腐烂果实、植物汁液等。

別名：无　　科属：蛱蝶科　　翅展：6.2～8.8 厘米

大豹斑蝶

　　大豹斑蝶的体形较大，触角细长，端部膨大如锤状，雌蝶的前翅和后翅的基部的一半弥漫了浓厚的黑色，而雄蝶的这种弥漫色彩则不明显。大豹斑蝶前翅近外缘分布着特有的豹纹蝶斑纹，后翅外缘呈波浪形。其翅膀的反面为淡橙色，且前、后翅分别缀有黑斑和银斑。

◎ 幼体期：幼虫的身体为黑色，腹部长有橙色的刺，以堇叶菜为食。

◎ 分布：从加拿大南部到美国的新墨西哥州西部和佐治亚州。

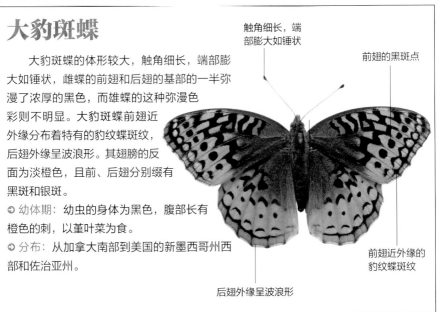

触角细长，端部膨大如锤状

前翅的黑斑点

后翅外缘呈波浪形

前翅近外缘的豹纹蝶斑纹

活动时间：夜晚　|　采食：花蜜、腐烂果实、植物汁液等。

别名：无　科属：蛱蝶科
翅展：7 ~ 7.5 厘米

美洲黑条桦斑蝶

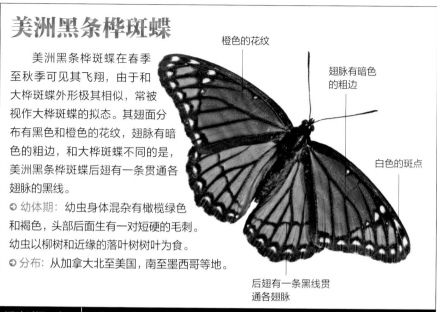

橙色的花纹

翅脉有暗色的粗边

白色的斑点

后翅有一条黑线贯通各翅脉

　　美洲黑条桦斑蝶在春季至秋季可见其飞翔，由于和大桦斑蝶外形极其相似，常被视作大桦斑蝶的拟态。其翅面分布有黑色和橙色的花纹，翅脉有暗色的粗边，和大桦斑蝶不同的是，美洲黑条桦斑蝶后翅有一条贯通各翅脉的黑线。

◎ 幼体期：幼虫身体混杂有橄榄绿色和褐色，头部后面生有一对短硬的毛刺。幼虫以柳树和近缘的落叶树树叶为食。

◎ 分布：从加拿大北至美国，南至墨西哥等地。

活动时间：白天 | **采食：花蜜、甘露、发酵果实、植物汁液等。**

别名：蜘蛱蝶　科属：蛱蝶科　翅展：3 ~ 4 厘米

欧洲地图蝶

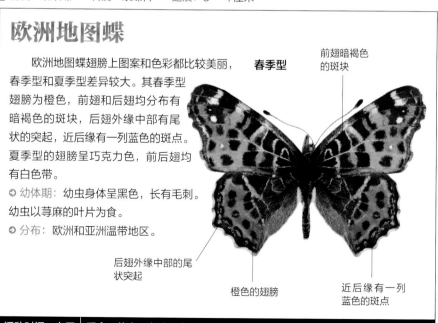

春季型

前翅暗褐色的斑块

后翅外缘中部的尾状突起

橙色的翅膀

近后缘有一列蓝色的斑点

　　欧洲地图蝶翅膀上图案和色彩都比较美丽，春季型和夏季型差异较大。其春季型翅膀为橙色，前翅和后翅均分布有暗褐色的斑块，后翅外缘中部有尾状的突起，近后缘有一列蓝色的斑点。夏季型的翅膀呈巧克力色，前后翅均有白色带。

◎ 幼体期：幼虫身体呈黑色，长有毛刺。幼虫以荨麻的叶片为食。

◎ 分布：欧洲和亚洲温带地区。

活动时间：白天 | **采食：花蜜、发酵果实、植物汁液等。**

别名：无　　科属：蛱蝶科
翅展：6 ～ 8 厘米

透翅蛱蝶

翅膀正面呈淡绿色

后翅外缘中部黑色的尾状突起

　　透翅蛱蝶在热带地区整年可见其飞翔，其触角细而且短，翅膀正面呈淡绿色，分布有独特的黑斑，前翅和后翅的外缘均呈波浪形，后翅外缘中部有黑色的尾状突起。翅膀反面和正面颜色相似，分布有橙褐色的线纹。

◎ 幼体期：幼虫身体呈黑色，生有红刺，以芦莉草属植物为食。

◎ 分布：中、南美洲的巴拿马至墨西哥之间。

触角细而且短

前翅外缘呈波浪形

活动时间：白天 ┃ 采食：花蜜、发酵果实、植物汁液等。

别名：无　　科属：蛱蝶科　　翅展：5 ～ 6 厘米

星斑透翅蝶

灰白色的前翅呈半透明状

　　星斑透翅蝶有半透明的前翅，后翅为白色，边缘的黑色带较宽，缀有红色斑点。翅反面和正面相似，后翅的黑色边带内有较大的白色斑。星斑透翅碟雌雄两性相似，雌蝶体形比雄蝶要大些。

◎ 幼体期：幼虫黄褐色的身体缀有凸出的蓝黑斑，并有黑色的分支刺。幼虫以西番莲的叶片为食。

◎ 分布：印度尼西亚至巴布亚新几内亚、斐济和澳大利亚。

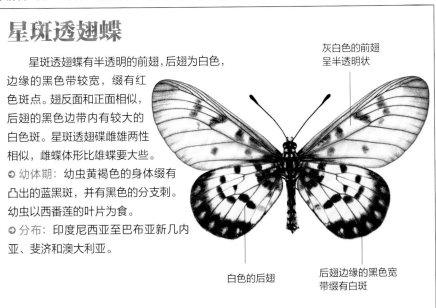

白色的后翅

后翅边缘的黑色宽带缀有白斑

活动时间：白天 ┃ 采食：花蜜、腐烂的果实、植物汁液等。

别名：无　　科属：蛱蝶科
翅展：5.5 ~ 6 厘米

亚洲褐蛱蝶

前翅有弥散的
白灰色带

边带分布有
"V"形纹饰

　　亚洲褐蛱蝶的雌蝶较大，翅膀呈暗褐色，分布着黑褐色的斑纹，前翅有弥散的白灰色带，边带分布有"V"形纹。后翅较圆，前、后翅上缀有不同程度的白色斑纹。其雌雄两性的翅膀反面均呈淡褐色，蝶翅边缘有黑斑组成的条带，翅基部点缀数个黑色的圆环。

◐ 幼体期：幼虫身体为绿色，背部分布有黄色的条纹。幼虫以芒果和腰果树的叶片为食。

◐ 分布：印度、斯里兰卡至中国，并经马来西亚至印度尼西亚。

后翅的
白色斑纹

活动时间：白天　｜　采食：花蜜、腐烂的果实、植物汁液等。

别名：蜘蛱蝶　　科属：蛱蝶科　　翅展：5 ~ 6 厘米

一字蝶

触角细长

　　一字蝶在初夏和仲夏时期飞翔，喜欢访花。其背部呈黑色，触角细长，翅膀正面全是黑色和白色，反面分布有红褐色和白色的花纹，后翅内缘为淡蓝色，后翅近外缘为两列黑色的斑点。雌蝶翅膀比雄蝶略大些，翅色稍淡。

◐ 幼体期：幼虫背部生有两排褐色的刺，头部也生有相同颜色的刺，整个虫体上部为绿色，下部为褐色。幼虫以忍冬属植物为食。

◐ 分布：欧洲，横跨亚洲温带地区至日本等地。

后翅中部的白色斑块

翅膀呈黑褐色

活动时间：白天　｜　采食：花粉、花蜜、植物汁液等。

别名：大白斑蝶　科属：蛱蝶科帛斑蝶属
翅展：12 ～ 14 厘米

大帛斑蝶

　　大帛斑蝶飞行较慢，经常乘气流滑翔、旋转，整年都可看到，以春秋两季较多，是一种很具有观赏价值的蝴蝶。其雌雄两性的色彩和斑纹相似，触角和躯体均细而且长，翅膀较大，呈半透明的灰白色，翅脉纹全部呈黑色。前翅有白色锯齿状的细纹和翅缘平行，后翅的外廓略呈棱角形。在前后翅的外缘，有一排白斑位于黑边中，呈现出波纹的效果，各脉室中均匀地散布着较大的黑色斑点，常有黄色向着翅基部弥漫。

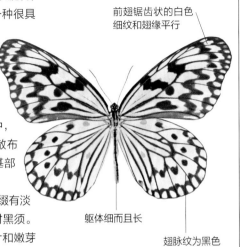

前翅锯齿状的白色
细纹和翅缘平行

躯体细而且长

翅脉纹为黑色

◑ 幼体期：幼虫的身体呈天鹅绒黑色，缀有淡黄色的窄环和红色斑点，背部立着 4 对黑须。幼虫以爬森藤属、牛皮消属植物的叶片和嫩芽为食。

◑ 分布：中国台湾，马来半岛，印度尼西亚，澳大利亚北部等地。

细长的触角

翅外缘黑边中
有 1 排白斑

各翅脉室中散布
着黑色大斑点

常有黄色向着
翅基部弥漫

后翅的外廓略呈
棱角形

翅膀呈半透明
的灰白色

色彩和花纹延
伸到躯体上

活动时间：白天 | 采食：花蜜、腐烂果实、植物汁液等。

白纹毒蝶

白纹毒蝶的触角细长，身躯稍长，雌雄两性相似。主要有三种色型，分别为橙色型、蓝色型和绿色型，这三种色型的白纹毒蝶前翅均有黑色和淡黄色的图案，只是后翅的斑纹不一样。有的蝶种后翅斑纹为橙色，有的蝶种后翅斑纹则为蓝色或绿色。前翅的翅型稍扁，近端部有两条白色的斑纹，前翅的反面和正面相似，后翅呈黑色，带有白色的辐射线，后缘有一排白色的小斑点，组成独特的扇形斑纹，后翅缘略呈波浪形。

● 幼体期：幼虫身体为绿黄色，并且具有黑色的条带和黑色的刺。幼虫一般群集活动，以寄主植物西番莲的叶片和嫩芽为食。

● 分布：中美洲到南美洲的森林边缘和空旷地带。

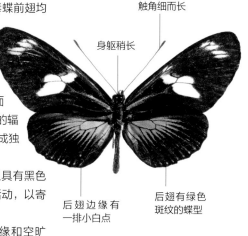

触角细而长

身躯稍长

后翅边缘有一排小白点

后翅有绿色斑纹的蝶型

前翅近端部的两条白色的斑纹

独特的扇形斑纹

后翅有蓝色斑纹的蝶型

前翅的翅型稍扁

黑色的后翅

后翅有橙色斑纹的蝶型

別名：无　　科属：蛱蝶科
翅展：13 ~ 14 厘米

大蓝魔尔浮蝶

　　大蓝魔尔浮蝶经常在森林中穿梭，飞行快速，雄蝶极其活跃，喜欢在阳光下相互追逐，甚至追逐空中的蓝布，捕蝶者经常用这种方法引诱它们。雌雄两性蝶翅膀正面均为深金属蓝色，褐色的翅膀反面缀有一排褐色的眼纹，周围呈青铜色。雄蝶前翅前缘呈暗色，外缘为黑色，缀有两个白色斑点。雌蝶有带有白斑的宽阔黑色边缘，翅缘有齿形的白斑，其波浪形的翅比雄蝶的更为明显。

○ 幼体期：幼虫身体带毛，呈红褐色，背上分布有明亮的绿色叶形斑。幼虫以古柯和其他植物的叶片为食。

○ 分布：从委内瑞拉到巴西的雨林。

前翅前缘颜色较暗

前翅外边缘有两个白色斑

雄蝶

后翅稍有伸长

翅膀呈深金属蓝色

活动时间：白天 | **采食：花蜜、坠落果实的汁液等。**

別名：无　　科属：蛱蝶科　　翅展：9 ~ 12 厘米

短双尾蝶

　　短双尾蝶大型而美丽，触角略呈棒形，翅膀为橙色，前翅呈三角形，前缘为红褐色，中间有宽阔的白色条带，边缘为黑褐色，后翅有一条白心的黑褐色斑点组成的带，其基部有白色斑。翅反面灰褐色，分布有不规则的线条花纹。雌蝶的花纹和雄蝶相似，体形较大，后翅尾状突起比雄蝶发达。

○ 幼体期：幼虫身体呈暗绿色，缀有红色的斑点，头部长有 4 个突出的红角。幼虫以各种不同的热带树木和灌木包括相思树和合欢属植物为食。

○ 分布：印度、巴基斯坦、斯里兰卡、缅甸和马来西亚的丛林等地。

前缘为红褐色

前翅呈三角形

后翅的黑褐色斑点

翅膀为橙色

活动时间：白天 | **采食：花蜜、植物汁液、发酵的水果等。**

別名：无　　科属：蛱蝶科
翅展：4 ~ 4.5 厘米

北美斑纹蛱蝶

　　北美斑纹蛱蝶在春季至秋季飞翔，因地域不同而有所差别。雌蝶比雄蝶体形稍大，颜色稍淡，后翅更圆一些。其触角细长，端部为黄色，膨大成锤状，翅膀主要呈褐色，翅面上分布有深褐色的斑点和色带，斑点和色带构的图案多变，前翅端镶嵌有特征性的白斑，后翅棱角分明，反面分布有7个黑、白色的眼纹，后翅缘略呈波浪形。

◐ 幼体期：幼虫身体呈鲜绿色，上面分布有黄色的条纹，头部生有小支角。幼虫以朴属植物的叶片为食。

◐ 分布：遍及北美，由加拿大北安大略至美国佛罗里达和得克萨斯等地。

触角端部膨大成锤状

翅膀主要呈褐色

棱角分明的后翅

后翅缘略呈波浪形

活动时间：白天｜采食：花粉、花蜜、植物汁液等。

別名：无　　科属：蛱蝶科　　翅展：13 ~ 14 厘米

尖翅蓝魔尔浮蝶

　　尖翅蓝魔尔浮蝶雌雄两性异形，雄蝶的身体呈黑色，翅膀为金属蓝色，比较壮观，黑色的前翅前缘有白斑点，近外缘有若干白色斑点，有些亚种则没有。前翅端的蓝色暗淡，翅端部较尖，呈暗色的弯形。雌蝶翅膀则为橙褐色和黑色，前翅端有淡黄色的斑点，翅反面有淡橙—黄色的三角形，后翅近外缘有两排橙色的斑。

◐ 幼体期：幼虫为淡黄褐色，身体上有紫褐色的斑，背部有两块金刚石型的淡色斑。

◐ 分布：哥伦比亚、委内瑞拉、厄瓜多尔、苏里南和圭亚那。

前翅前缘有白斑点

黑色的躯体

翅膀为壮观的金属蓝色

活动时间：白天｜采食：花粉、花蜜、植物汁液等。

別名：无　　科属：蛱蝶科紫蛱蝶属
翅展：5 ~ 6.5 厘米

大紫蛱蝶

　　大紫蛱蝶属于大型蝶种，数量较少，翅色
美丽，是日本的国蝶。雄蝶翅面基部和中部均
为紫色，有强烈的紫色虹彩，缀有白色
斑点，其余部分则为暗褐色，各翅室有
1 ~ 3 枚白色的斑纹，有两个三角形的
红斑位于后翅臀角附近。雌蝶翅形较大，
呈暗褐色，前翅大致呈三角形，后翅呈
卵圆形，分布有两列弧形排列的黄斑，
翅外缘稍呈锯齿状。

◎ 幼体期：幼虫的寄主植物为朴树。幼虫
身体为绿色，体表密生有黄色的细小疣点，
各体节体侧气门线附近有一个黄色的斜纹，背
面有 3 对黄色鳞片状的突出物，三角形状。终
龄幼虫身体呈长筒状。

◎ 分布：中国河北、陕西、东北、浙江、湖南、
贵州、台湾、北京，日本等地。

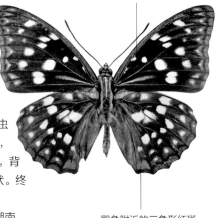

雄蝶翅面上有强烈
的紫色虹彩

臀角附近的三角形红斑

雄蝶

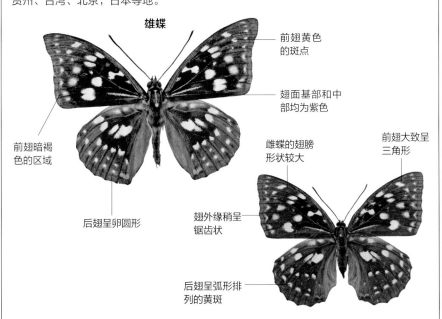

前翅黄色
的斑点

翅面基部和中
部均为紫色

前翅暗褐
色的区域

后翅呈卵圆形

雌蝶的翅膀
形状较大

翅外缘稍呈
锯齿状

前翅大致呈
三角形

后翅呈弧形排
列的黄斑

活动时间：白天 ｜ 采食：花蜜、植物汁液、发酵的水果等。

别名：黑端豹斑蝶　科属：蛱蝶科豹蛱蝶属
翅展：8 ~ 9.8 厘米

斐豹蛱蝶

斐豹蛱蝶的触角为褐色，顶部呈赭红色，头部、胸部和腹部均为黄褐色。其雌雄异形，雄蝶体形较大，翅面为橙黄色，前翅中室内有 4 条横纹，后翅表面呈淡黄色，翅面上有黑色的斑点，翅外缘有两条波纹状线，两线间分布着青蓝色的新月斑，翅反面缀有白色、黑色以及褐色的斑点。雌蝶的外形和有毒的金斑蝶相似，前翅端半部呈紫黑色，有一条较宽的白色斜带，顶角缀有若干白色的小斑点。

◐ 幼体期：幼虫头部和身体均为黑色，头部生有 4 条黑色的刺，身体中间有一条橙色的带状纹，腹部的刺尖端为粉红色，尾部的刺也为粉红色，尖端则为黑色。

◐ 分布：中国、朝鲜、韩国、日本、印度、巴基斯坦、孟加拉国等地。

雌蝶

前翅端半部为紫黑色

白色斜带较宽

青蓝色的新月斑

雄蝶

头部为黄褐色

翅面黑色的斑点

雄蝶体型较大

翅外缘的两条波纹状线

后翅表面呈淡黄色

活动时间：白天　采食：花蜜、植物汁液、发酵的水果等。

別名：无　　科属：蛱蝶科
翅展：5.5 ~ 6 厘米

大红蛱蝶

　　大红蛱蝶的飞翔能力很强，经常迁徙。它们很容易辨认，触角细长，端部膨大如锤状，身体呈黑褐色，前翅底色为黑色，中部有鲜明的红色带，翅面近顶角区域有白色的斑块和斑点，翅边缘呈不规则的波浪形。前翅的反面和正面比较相似，颜色稍淡。雌雄两性相似，雄蝶后翅呈咖啡色，后缘有较宽的红色带，镶嵌着成列的小黑点。

　◎ 幼体期：幼虫身体长有刺，身体的颜色有灰黑色、黄褐色、灰绿色等。幼虫以刺荨麻的叶片为食。

　◎ 分布：由欧洲至北非和北印度，由加拿大至中美洲等地。

白色的斑块　　触角细长

前翅中部的红色带

身体呈黑褐色

红褐色的后翅

后翅的红色带镶嵌着小黑点

活动时间：白天 | 采食：花蜜、植物汁液、发酵的水果等。

別名：无　　科属：蛱蝶科　　翅展：7 ~ 7.5 厘米

红剑蝶

　　红剑蝶喜爱访花，其前翅和后翅的形状比较特别，很容易辨别。红剑蝶雌雄两性相似，触角细长，腹部为橙褐色，橙红色的前翅面有 3 条褐色的纵纹，前翅端部向外凸出，呈强钩形，后翅的尾状突起较长，呈褐色，内缘为淡色。翅膀反面为淡粉褐色，有褐色的斑点。后翅有假头，可以起到迷惑捕食者的作用。

　◎ 幼体期：幼虫身体为黄色和红褐色，分布着黑色的线纹和斑点，头部具有独特的刺角。幼虫以腰果树、桑树叶片为食。

　◎ 分布：南美和中美，延伸至美国的佛罗里达和得克萨斯。

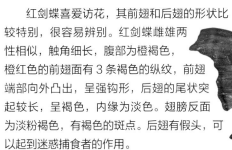

触角细长

前翅为橙红色

后翅褐色的尾状突起

活动时间：白天 | 采食：花蜜、无花果、植物汁液等。

别名：无　　科属：蛱蝶科
翅展：5.5 ~ 7 厘米

红三色蛱蝶

红三色蛱蝶具有十分独特的橙、褐色，雄蝶的反面为橙褐色，分布有白色的斑点，与翅膀正面相似。后翅分布着醒目的黑斑色带，还有一条斑带，由较大的粉橙色斑点排列而成。雌雄蝶两性的后翅都有橙色的边线，外缘呈波状。雌蝶爱访花，经常被马樱丹所吸引，雌蝶和雄蝶相似，只是翅膀颜色稍淡，且有黄色弥漫。

◎ 幼体期：幼虫身体带刺，主要呈褐色，背部中间缀有较大的暗红色斑。幼虫以寄主植物算盘子和玉叶金花的叶片为食。

◎ 分布：印度、巴基斯坦、缅甸和马来西亚等地。

白色的斑点

后翅橙色的边线

波状的后翅外缘

活动时间：白天 | 采食：花蜜、植物汁液、发酵的水果等。

别名：无　　科属：蛱蝶科　　翅展：7.5 ~ 9.5 厘米

红狭翅毒蝶

红狭翅毒蝶的触角细而且长，端部膨大，橙褐色的腹部较长，前翅长而且窄，翅面呈鲜明的橙色、褐色，有一条黑线沿着翅前缘至翅顶部，前缘有独特的黑色斑纹，近后翅基部有两个红斑。雌蝶翅膀的颜色较暗淡，并且前翅没有雄蝶那样的黑斑蚊，反面有颜色深浅不同的橙—米黄色花纹，后翅缘缀有白色斑。

◎ 幼体期：幼虫身体呈淡褐色，生有刺，以寄主植物西番莲的叶片为食。

◎ 分布：南美和中美，北至美国得克萨斯和佛罗里达州。

细长的触角

翅面呈鲜明的橙色、褐色

橙褐色的腹部较长

活动时间：白天 | 采食：花粉、花蜜、植物汁液等。

別名：梦露蝶、锯缘蛱蝶　科属：蛱蝶科锯缘蛱蝶属
翅展：7 ~ 8.7 厘米

红锯蛱蝶

红锯蛱蝶是一种美丽的观赏蝴蝶，其橘红色的翅膀使人看过一眼后便难以忘怀，不仅观赏价值很高，也具有一定的科学研究价值。雄蝶翅膀呈鲜艳的橙红色，雌性翅膀呈灰色，部分雌蝶为绿色型，翅膀颜色以灰绿色为主，这样的很少见。其前翅翅面端部有黑色的三角斑，后面有一列白色的斑，呈"V"形。后翅边缘为黑色，亚外缘有一列黑色的斑点，前后翅边缘均呈锯齿状，且伴有白色的"V"形斑。

◎ 幼体期：幼虫以西番莲科的蛇王藤为寄主植物。幼虫在不同地域有六龄、五龄及四龄之别，有强烈的群集习性。一至二龄幼虫以嫩叶为食，三至四龄幼虫以嫩叶、嫩枝和老叶为食。

◎ 分布：遍布印度北部延至中国、马来西亚、印度尼西亚和菲律宾等地。

雄蝶翅膀呈鲜艳的橙红色

一列"V"形的白斑

前翅翅面端部有黑色的三角斑

外缘呈锯齿状

亚外缘有一列白色斑点

后翅外缘的白色的"V"形斑

锯齿状的后翅边缘

后翅边缘为黑色

亚外缘有一列黑色斑点

活动时间：白天 ┃ 采食：花蜜、植物汁液、发酵的水果等。

别名：君主斑蝶、大桦斑蝶、帝王蝶、黑脉桦斑蝶　科属：蛱蝶科斑蝶属
翅展：8.9 ~ 10.2 厘米

黑脉金斑蝶

　　黑脉金斑蝶属中型而华丽的蝶种，飞行快速而敏捷，其身体为黑色，翅膀的主体为黄褐橙色，前翅的颜色比后翅要深，前翅前缘分布着 4 个较大的对称排列的白色斑点，翅尖端部分微向外弯曲。前翅和后翅正面分布有橙色和黑色的斑纹，比较明显，翅脉和边缘均为黑色，边缘有两列较细的小白点，反面的白点比正面要大。雄蝶比雌蝶要大，后翅有黑色的性征鳞片，翅脉比雌蝶的要窄些。

◎ 幼体期：幼虫一般群集生活，头部有明显的突起，以有毒植物马利筋的叶片为食，使得成虫后积聚毒素，起到一定的保护作用。

◎ 分布：北美洲、南美洲及西南太平洋，包括西印度群岛、澳大利亚、新西兰、新几内亚等地。

翅面上有显眼的橙色斑纹

身体呈黑色

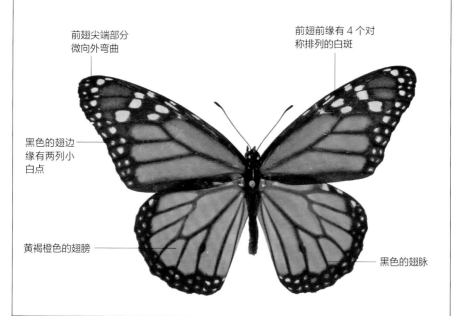

前翅尖端部分微向外弯曲

前翅前缘有 4 个对称排列的白斑

黑色的翅边缘有两列小白点

黄褐橙色的翅膀

黑色的翅脉

活动时间：白天　｜　采食：腐烂果实、植物汁液和乳草属植物等。

别名：无　科属：蛱蝶科孔雀蛱蝶属
翅展：5～6厘米

孔雀蛱蝶

　　孔雀蛱蝶在中国北方每年发生两代，基本上全年都可见，翅膀上的图案精美而独特。其雌雄两性没有明显差别，雄蝶比雌蝶稍小些。细长的触角端部膨大，背部呈黑褐色，分布有较短的棕褐色绒毛。翅表面为鲜红色，前翅前缘中部有一个黑色的大斑块，前翅和后翅各有一个较大的彩色眼斑，前翅的眼斑中心为红色，周边依次为黄色到浅粉色再到粉蓝色。带有大型眼状斑纹的翅膀突然张开时，可以把捕食的鸟类吓走。翅膀反面呈暗褐色，密布有波状的黑褐色横纹，好像烟熏的枯叶，能为其提供良好的伪装。

◎ 幼体期：幼虫身体为黑色，生有毛刺。幼虫以荨麻和蛇麻草为食。

◎ 分布：中国北京、河北、吉林、青海、陕西等地。

细长的触角

背部呈黑褐色

前缘中部的黑色大斑块

前翅的眼斑中心为红色

后翅的大型眼斑纹

背部有较短的棕褐色绒毛

鲜红色的翅膀

外缘中部的突起

活动时间：白天 ｜ 采食：花粉、花蜜、腐烂的果实等。

枯叶蛱蝶

枯叶蛱蝶是中国稀有的蝶种，是蝶类中的拟态典型。其背部呈黑色，褐色的翅膀有青绿色光泽，前翅中域有一条宽大的橙黄色斜带，两侧有白点。前翅顶角和后翅臀角向前后延伸，如叶尖和叶柄状，两翅亚缘各有一条深色的波纹线。翅膀反面呈枯叶色，分布有叶脉状的条纹，翅面杂灰褐色的斑点，深浅不一致，和叶片上的病斑相似。当其将两翅合拢，在树木枝条上休息时，很难将它和枯叶区别开来。枯叶蛱蝶雌雄两性略有差异，雌蝶的翅端比雄蝶的尖锐，且向外弯曲。

○ 幼体期：幼虫身体呈绒黑色，长有黄色的长毛和红色的刺。幼虫以马蓝和蓼科植物、爵床科植物的叶片为食。

○ 分布：印度、缅甸、中国等地。

叶脉状的条纹

翅面杂有灰褐色斑点

腹面

翅膀反面呈枯叶色

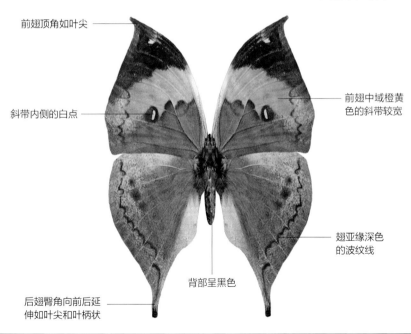

前翅顶角如叶尖

斜带内侧的白点

前翅中域橙黄色的斜带较宽

翅亚缘深色的波纹线

背部呈黑色

后翅臀角向前后延伸如叶尖和叶柄状

活动时间：白天 | **采食：水液，树液、腐烂的果实等。**

別名：无　科属：蛱蝶科瑶蛱蝶属
翅展：6～7 厘米

黄带枯叶蝶

　　黄带枯叶蝶的成虫在春季至秋季出现，喜欢访花、吸花蜜，它们的天敌有鸟类、蜻蜓、蜘蛛、马蜂等。黄带枯叶蝶身体呈黑褐色，雄蝶翅膀的底色为黑褐色，翅中央有一条贯穿上下翅的较宽的橙黄色纵带，近端部有橙黄色的斑点，后翅外缘中部有突起。雄蝶翅反面的颜色和斑纹好似枯叶，隐身在林中或地面不易被发现。

◎ 幼体期：幼虫以爵床科的赛山蓝或台湾鳞球花为寄主植物。四龄幼虫的背部生有 5 条纵向的棘刺，近中央的两条基部有黄褐色的环纹。

◎ 分布：中国台湾南部、东部的低海拔山区。

近端部的橙黄色斑点

橙黄色的宽纵带贯穿上下翅

翅膀的底色为黑褐色

后翅外缘中部的突起

活动时间：白天 ｜ 采食：花粉、花蜜、植物汁液等。

別名：无　科属：蛱蝶科　翅展：5～7 厘米

蓝眼纹蛇目蝶

　　蓝眼纹蛇目蝶在初夏至初秋期间飞翔，其翅膀上的图案比较独特，翅膀正面呈暗褐色，前翅有一上一下两个蓝心黑圈的眼纹，很是显眼，容易辨认。后翅有一个较小的眼纹，翅缘呈波浪形。雌蝶的体形比雄蝶要大些，颜色比雄蝶稍浅，并且眼纹较小些。翅膀反面的颜色较暗淡，后翅上分布有灰色的条带。

◎ 幼体期：幼虫身体呈灰白色，缀有深色的斑纹，还有两条黑褐色的线纹延伸到尾部。幼虫以各种草类为食，偏爱沼泽草。

◎ 分布：中欧和南欧，并贯穿亚洲温带地区至日本。

暗褐色的翅膀

前翅有两个较大的蓝心黑圈眼纹

后翅有一个较小的眼纹

后翅边缘为波浪形

活动时间：白天 ｜ 采食：花粉、花蜜、植物汁液等。

■ 别名：无　科属：蛱蝶科琉璃蛱蝶属
翅展：5.5～7 厘米

琉璃蛱蝶

　　琉璃蛱蝶为中型蛱蝶，比较稀少，其雌雄两性的色彩和斑纹相似，翅膀翅表面呈黑色，亚顶端有一个白斑，亚外缘有一条蓝紫色宽带纵贯前翅和后翅，此宽带在前翅端被分断为两部分，呈"Y"状。后翅外缘中部有尾状的突起，翅膀边缘呈破布状，这是其典型特征。翅膀反面的斑纹较杂，主要为黑褐色。

◇ 幼体期：幼虫以菝葜科的各种菝葜为食。幼虫身体呈灰黑色，体表长有淡黄色的枝刺，枝刺基部附近为橙色。终龄幼虫全身均密布着棘刺，缀有鲜艳花色的斑纹。

◇ 分布：中国、日本、朝鲜、阿富汗、印度，东南亚等地。

宽带在前翅端呈"Y"状

纵贯前、后翅的蓝紫色宽带

翅边缘呈破布状

后翅外缘中部的尾状突起

活动时间：白天 | 采食：花粉、树液、动物粪便等。

■ 别名：无　科属：蛱蝶科　翅展：5～6 厘米

浓框蛇目蝶

　　浓框蛇目蝶雌雄两性差别较大，雄蝶翅膀正面为橙褐色，前翅近顶角和后翅近臀角各有一个蓝心黑圈的眼纹，顶角呈暗褐色，翅面分布有较多黑色的斑块；翅膀反面和正面相似，只是黑斑和眼纹少些。雌蝶的前翅比雄蝶的要宽不少，翅端的圆角稍小，两性的后翅缘均呈波浪形；前翅的反面和正面相似，只是后翅分布有红褐色和灰褐色的斑块，而且缀有数枚眼状纹。

◇ 幼体期：幼虫身体的颜色有较大的差别，从绿色至黑色或淡褐色，色纹较暗，有两个短尾。幼虫以草类为食。

◇ 分布：澳大利亚西南部和东南部。

雄蝶

翅膀正面为橙褐色

前翅近顶角蓝心黑圈的眼纹

黑色的斑块

后翅近臀角的眼纹

翅缘呈波浪形

活动时间：白天 | 采食：花蜜、发酵果实、植物汁液等。

别名：无　科属：蛱蝶科斑蛱蝶属
翅展：6.5 ~ 9 厘米

琉球紫蛱蝶

琉球紫蛱蝶雄蝶的翅膀一般呈绒黑色，前翅和后翅中央都有一块会反光的大型蓝紫色斑块，斑块中有白色的斑点，前翅外缘向内凹入，后翅外缘呈波浪状。雌蝶比雄蝶稍大些，翅膀呈黑褐色，前翅端部也有会反光的蓝紫色，白色的斑纹形成复杂图案，后缘有红褐色斑块，红褐色向着基部弥漫。后翅中央有白色的大斑块。有些类型的雌蝶没有红褐色斑块，白斑点较少。其雌雄两性的反面呈褐色，比较相似，都有一些由大小不同的白色斑点组成的条带。

◐ 幼体期：幼虫身体呈暗褐色或黑色，生有橙黄色的刺，侧面缀有一条黄线。幼虫主要以旋花科的甘薯叶片为食。

◐ 分布：中国台湾至印度、马来西亚、印度尼西亚和澳大利亚等地。

翅膀一般呈绒黑色

中央大型的蓝紫色斑块

雄蝶

斑块中白色的斑点

后翅外缘呈波浪状

黑褐色的翅膀

雌蝶

前翅端部白色的斑纹

后缘有红褐色斑块

后翅中央的白色大斑块

雌蝶比雄蝶稍大些

活动时间：白天 ｜ 采食：树液、腐果汁液等。

猫头鹰蝶

猫头鹰蝶喜欢在下午和黄昏时飞行，经常聚集在一起进食或休息，是有名的大型蝶类，受到蝴蝶收藏家的追捧。其雌雄两性前翅正面呈暗褐色，色彩亮丽，有弥漫的蓝色，一条白线带贯穿前翅和后翅。后翅为黑色，基部呈暗蓝色。反面前翅和后翅均有复杂的褐色、白色羽毛图案，前翅外缘前缘有突出的脉纹，后翅有一对较大的圆形的眼斑。当它停息在树枝上张开翅膀时，和瞪大双眼的猫头鹰脸很相似，这是一种巧妙的伪装。

◎ **幼体期**：幼虫体型较大，身体呈淡灰褐色，近头部和叉形的尾部时渐变为暗褐色。幼虫以竹子或凤梨科植物为寄主植物，是果园的害虫。

◎ **分布**：遍及南美。

反面有褐色和白色的图案

腹面

后翅猫头鹰状的大眼纹

翅外缘呈波浪形

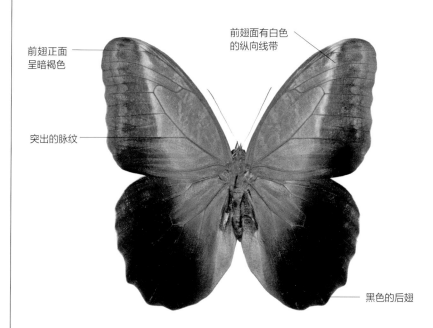

前翅正面呈暗褐色

前翅面有白色的纵向线带

突出的脉纹

黑色的后翅

活动时间：下午和黄昏　**采食：发酵果实、植物汁液等。**

别名：无　　科属：蛱蝶科
翅展：4 ~ 4.5 厘米

银纹豹斑蝶

　　银纹豹斑蝶在春季到秋季飞翔，是比较独特的欧洲豹纹蝶，其背部呈黑褐色，翅膀正面为橙红色，分布有较多的黑斑点。前翅尖锐，近三角形，后翅呈棱角形，有两条黑色的线围绕着翅缘。其后翅反面缀有很多白色的大斑。

◎ 幼体期：幼虫身体为黑色，长有褐色的刺，缀有白色斑点，背上分布着两条白线纹。幼虫以堇菜为食。

◎ 分布：南欧和北非，向北至中国西部，亚洲温带地区。

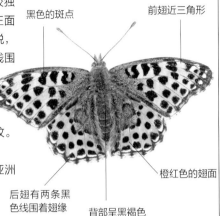

黑色的斑点

前翅近三角形

橙红色的翅面

后翅有两条黑色线围着翅缘

背部呈黑褐色

| 活动时间：白天 | 采食：花粉、花蜜、植物汁液等。 |

別名：无　　科属：蛱蝶科　　翅展：5 ~ 6 厘米

缨蝶

　　缨蝶和小缨蝶相似，但缨蝶的体形较大，外观呈毛状，翅膀正面为橙红色，前翅和后翅均有大小不一的黑斑块，后翅外缘呈波浪形，边缘有一列蓝色的月牙斑。翅反面有浓淡不同的褐色和特殊的石板灰色的边缘带。

◎ 幼体期：幼虫身体为黑色，密布有白色斑点，长有橙褐色的毛刺，沿着背部和两侧有橙色的线条。幼虫以各种阔叶树的叶片为食。

◎ 分布：遍及欧洲，并扩散到北非和喜马拉雅山脉。

前翅上有黑斑

后翅边缘为波浪形

后翅边缘的蓝色月牙斑

| 活动时间：白天 | 采食：花粉、花蜜、植物汁液等。 |

別名：无　科属：蛱蝶科
翅展：8 ~ 9.5 厘米

玉带黑斑蝶

　　玉带黑斑蝶两性相似，是与其相似的类群蝴蝶中比较寻常的蝶种。触角较短，这是这类蝶群的特征。其翅膀的色斑差异较大，前翅比后翅的颜色要暗，后翅沿翅缘有两列白色的斑点。

◑ 幼体期：幼虫身体为白色，缀有暗褐色的粗环纹，身体两侧分布着黄色和白色的条纹。在幼虫的背部有 4 对紫褐色的细丝。以夹竹桃科、马利筋和桑科等植物为食。

◑ 分布：印度、中国，印度尼西亚苏门答腊和爪哇两岛、澳大利亚北部和东部等地。

触角较短

前翅的颜色
比后翅要暗

后翅沿翅缘有两
列白色斑点

活动时间：白天｜**采食：花粉、花蜜、腐烂的果实、植物汁液等。**

別名：无　　科属：蛱蝶科　　翅展：6 ~ 7.5 厘米

大陆小紫蛱蝶

　　大陆小紫蛱蝶经常在树顶盘旋，雄蝶的触角端部膨大成锤状，背部呈黑褐色，全翅有紫色弥漫，翅反面的图案呈黑褐色，并且缀有白色斑点。前翅有一个紫色的大眼纹，后翅有缀一个橙、黑色的大眼纹，比较明显；内缘有黑褐色的毛，翅外缘呈波浪形。

◑ 幼体期：幼虫身体呈绿色，较肥胖，两端呈锥形。幼虫以柳树叶片为食。

◑ 分布：遍及欧洲，并贯穿亚洲温带地区至日本。

前翅紫色的眼纹

翅面的白斑

全翅弥漫
着紫色

橙、黑色的
大眼纹

翅外缘呈波浪形

活动时间：白天｜**采食：花粉、花蜜、腐烂果实的汁液等。**

別名：狐色非洲双尾蝶　科属：蛱蝶科
翅展：7.5 ~ 8 厘米

非洲大双尾蝶

　　非洲大双尾蝶是这类蝴蝶中唯一出现在欧洲的种类，雌蝶体形比雄蝶大些。翅膀正面呈暗褐色，分布有红褐色、白色和淡黄色的条带，以及断续的紫灰色的条带，缀有橙色的边。后翅有蓝色斑，内缘呈灰白色，外缘呈暗褐色，后缘缀有一对尾状突起。

⬡ 幼体期：幼虫身体为绿色，缀有白色的斑点。幼虫以野草莓树的叶片为食物。

⬡ 分布：非洲热带地区和南非至欧洲地中海沿岸。

翅面呈暗黑褐色

后翅的尾状突起

内缘为灰白色

活动时间：白天 ｜ 采食：花粉、花蜜、腐烂果实的汁液等。

別名：无　科属：蛱蝶科蟠蛱蝶属　翅展：3.9 ~ 4.3 厘米

金三线蝶

　　金三线蝶成虫一般在春季至秋季出现，在低、中海拔山区生活，喜欢访花、吸蜜或在湿地上吸水。金三线蝶雌雄两性很相似，翅膀的颜色比较独特，分布有黑色和橙黄色相间的带状斑纹，翅反面大部分为淡黄褐色，有褐色或黑褐色的碎斑形成带状分布，后翅略呈波浪形。

⬡ 幼体期：幼虫身体绿灰色，两侧有色带，背部长有 4 对刺，以合欢属植物的叶片为食。

⬡ 分布：遍及印度、斯里兰卡及整个马来西亚。

黑色与橙黄色相间的带状斑纹

后翅呈波浪形

后翅外缘的黑色宽带

活动时间：白天 ｜ 采食：花粉、花蜜、湿地上的水等。

■ 别名：无　　科属：蛱蝶科帅蛱蝶属
翅展：5 ~ 8 厘米

黄帅蛱蝶

　　黄帅蛱蝶属于中大型的蝴蝶，成虫喜欢在
湿地上吸水或取食腐熟的果实等。飞行较快，
经常在树林边缘、公路等开阔地活动。黄帅蛱
蝶与帅蛱蝶近似，不同的是黄帅蛱蝶
雄蝶的翅面为黑色，分布有橙
黄色的条斑，前翅中室有两个
橙黄色的斑点，前翅中域有眼状
斑。雌蝶翅面上条斑的排列图案和雄
蝶一样，不过除了前翅中室有两个黄
色斑以外，余下的均为白色条斑。

前翅的橙
黄色条斑

橙黄色的斑
点组合成列

◐ 幼体期：幼虫寄主朴树，以寄主植物的叶
片和嫩芽为食。

◐ 分布：中国黑龙江、湖北、甘肃、福建等地。

后翅黑色的外缘

活动时间：白天 ┃ 采食：腐熟水果、湿地上的水等。

■ 别名：无　　科属：蛱蝶科豹蛱蝶属　　翅展：6.5 ~ 6.8 厘米

绿豹蛱蝶

　　绿豹蛱蝶的飞行能力很强，经常在树冠附
近滑翔飞行。其雄蝶橙黄色的翅面分布有黑色
的斑纹，翅基部颜色较暗，有褐色
的绒毛。前翅中室内有 4 条横纹，
翅外缘有一列黑斑，内侧有两列平行
的黑斑。后翅基部为灰色，有一条不规
则的波状中横线和 3 列圆斑。雌雄两性
异形，雌蝶翅膀为暗灰色至灰橙色，黑斑
比雄蝶要多些。

翅面为橙黄色

前翅中室内有
4 条横纹

◐ 幼体期：幼虫以寄主植物紫罗兰的叶片
和嫩芽为食。它们多在晚间寻找食物，白天
会在寻找远离食物的地方躲藏起来。

◐ 分布：中国、日本、朝鲜，非洲、欧洲等地。

两列平行的黑斑

活动时间：白天 ┃ 采食：花蜜、蚜虫的蜜露等。

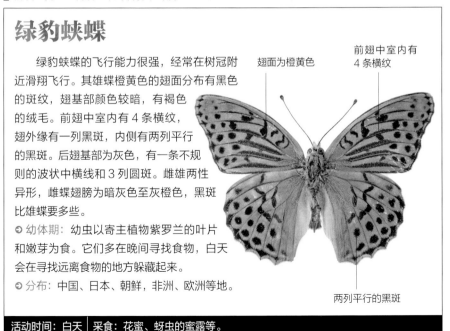

別名：丽蛱蝶　科属：蛱蝶科蛱蝶属
翅展：9 ~ 10 厘米

云南丽蛱蝶

　　云南丽蛱蝶飞行迅速，翅色鲜艳，属蝴蝶收藏的高档蝶种，在中国只有云南省有出产，为该省的省蝶。云南丽蛱蝶的头部呈黑色，翅膀颜色为橄榄绿色或淡蓝色，前翅有各种形状的大白斑，其周围有黑色缘，组成长三角形状，中部的大白斑点好似透明的"窗口"。前翅和后翅外缘均呈波浪状，后翅基部呈粉绿色，内缘呈淡黄色，黑色斑点组成中线，外线呈放射性的纵纹和三角形黑斑，外面镶嵌着一条淡黄色的边线，花纹图案像百褶裙一样。

⊙ 幼体期：幼虫由绿色到黄褐色，有黄白色节线和一条深褐色的背线，每节生有深紫色的枝刺。幼虫以青牛胆属植物为食。

⊙ 分布：中国、越南、缅甸、泰国、马来西亚、印度、斯里兰卡等地。

橄榄绿色或淡蓝色的翅膀

后翅内缘呈淡黄色

三角形的黑斑

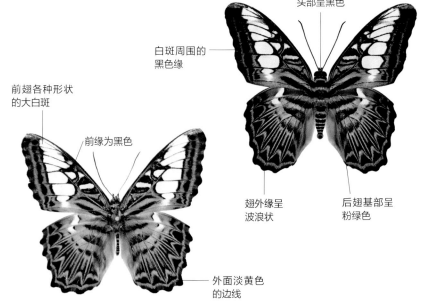

头部呈黑色

白斑周围的黑色缘

前翅各种形状的大白斑

前缘为黑色

翅外缘呈波浪状

后翅基部呈粉绿色

外面淡黄色的边线

活动时间：白天　采食：花粉、花蜜、植物汁液等。

美眼蛱蝶

美眼蛱蝶的翅面为橙黄色，前翅外缘分布有 3 条黑色的波状线，前后翅各有 2 ~ 3 个眼状斑，其中后翅前部的眼状斑最大。前翅近前缘排列有 4 个斑纹。翅膀的反面为浅黄色或黄褐色。雌蝶翅膀上只有小的线圈，翅膀反面的各眼状纹大小差别不太明显。雌雄蝶后翅下方的斑纹均为眼状纹。美眼蛱蝶有季节型，分夏型和秋型两种。这两种蝶的明显区别为秋型蝶的前翅外缘和后翅臀角均有角状的突起；反面的斑纹不太明显，色泽呈枯叶状。

◎ 幼体期：幼虫身体为黑褐色，背上密生有脊刺。幼虫主要以车前草科的车前草、马鞭草科的过江藤等为食。

◎ 分布：除西北外的中国各地；日本，东南亚等地。

夏型蝶

前翅的眼状斑

后翅的两个眼状斑

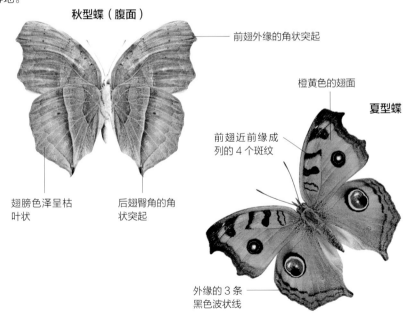

秋型蝶（腹面）

前翅外缘的角状突起

橙黄色的翅面

夏型蝶

前翅近前缘成列的 4 个斑纹

翅膀色泽呈枯叶状

后翅臀角的角状突起

外缘的 3 条黑色波状线

活动时间：白天 ┃ 采食：花蜜、汁液、腐烂的水果等。

别名：无　科属：蛱蝶科青豹蛱蝶属
翅展：8.6 ~ 9.2 厘米

青豹蛱蝶

　　青豹蛱蝶性喜在日光下活动，飞翔迅速而
敏捷。其雌雄异形，雄蝶翅膀为橙黄色，
前缘中室外侧有一个橙色的近三角形
无斑区。后翅中央缀有"〈"形黑纹，
外侧也有一条较宽的橙色无斑区。雌蝶
翅膀为青黑色，中室内外各有一个较大的
白色长方形斑点，后翅沿外缘有一列三角
形的白斑，中部有一条较宽的白色带。
● 幼体期：幼虫以堇菜科植物的叶片和嫩
芽为食，幼虫在成长的过程中渐渐变大，等
到外皮不能将身体包裹时便开始蜕皮。
● 分布：中国黑龙江、吉林、广西，日本、朝鲜、
蒙古、俄罗斯等地。

黑色的斑点

雄蝶前翅
为橙黄色

后翅的橙色无斑
区比前翅较宽

| 活动时间：白天 | 采食：花蜜、果实汁液、树汁或牛马粪的汁液等。 |

别名：小三线蝶　　科属：蛱蝶科环蛱蝶属　　翅展：4.5 ~ 5.1 厘米

小环蛱蝶

　　小环蛱蝶喜欢滑翔，飞行速度缓慢，每年
产生 1 ~ 2 代。其头部、背部均为黑
色，黑色的翅面分布有白色的斑纹，
前翅中室有一条断续状的白色纵纹，
端部为箭头状的斑纹，中域内的白
斑呈弧形排列。反面的前翅基部沿外
缘至中室三角形斑有一条白色的细纹，
后翅有两条白色斑块组成的横带。
● 幼体期：幼虫以寄主植物的叶片和嫩芽
为食，寄主植物为香豌豆、胡枝子、五脉
山黧豆、大山黧豆等植物。
● 分布：中国、日本、朝鲜、印度、巴基斯坦、
欧洲等地。

前翅中室断续
状的白色纵纹

翅面呈黑色

后翅白色斑块
组成的横带

| 活动时间：白天 | 采食：花粉、花蜜、植物汁液等。 |

别名：豆环蛱蝶、琉球三线蝶　　科属：蛱蝶科环蛱蝶属
翅展：4 ~ 5 厘米

中环蛱蝶

中环蛱蝶的背部为黑色，触角顶端黄色。翅膀表面黑褐色，波状的外缘分布有白色的缘毛，前翅中域内的白色斑呈弧形排列，前翅中室内有一条长形纵带，前方有一个箭头状的斑纹。后翅有两条白色斑组成的条带，中域内的条带较宽。

◐ 幼体期：幼虫以蝶形花科、豆科、榆科、蔷薇科等植物的叶片和嫩芽为食。幼虫体型较大者经常会把叶片吃干净或钻蛀枝干。体型较小的幼虫往往卷叶、吐丝结网或是钻进植物组织内部进食。

◐ 分布：中国、印度、缅甸，印度尼亚苏门答腊岛等地。

箭头状的斑纹

前翅中室内的长形纵带

白色的斑纹

后翅中域内的条带较宽

活动时间：白天 | **采食：花粉、花蜜、植物汁液等。**

别名：小樱蝶　　科属：蛱蝶科麻蛱蝶属　　翅展：3.8 ~ 4.8 厘米

荨麻蛱蝶

荨麻蛱蝶翅面为黄褐或红褐色，分布有黑色或黑褐色的斑纹，前翅前缘为黄色，前翅外缘齿状，翅端呈镰形，外缘的一条宽带呈黑褐色，顶角内侧有一道白色斑点，中室内外和下面各有一道黑斑。后翅基半部为灰色，前后翅外缘的黑褐色宽带内均有由 7 ~ 8 个青蓝色的三角形斑点组成的斑列。翅膀反面为黑褐色，翅中部有一个浅色的宽带。

◐ 幼体期：幼虫身体为黑色，体背中部和体侧有一条黄色的纵带。幼虫以荨麻、大麻等植物的叶片和嫩芽为食。

◐ 分布：中国、朝鲜、日本，中亚、中欧等地。

顶角内侧的白色斑点

前翅中室内的黑斑

青蓝色的三角形斑点组成斑列

活动时间：白天 | **采食：花蜜、植物汁液等。**

別名：无　科属：蛱蝶科
翅展：4.5～8厘米

亚洲红细蝶

雄蝶

亚洲红细蝶翅膀图案变异较大，翅色为暗褐色和橙色，部分标本全为黑色。雄蝶前翅前缘为黑褐色，头部有红斑，后翅外缘有一列淡色斑点，被黑色的"U"形纹围着。雌蝶一般比雄蝶大些，斑纹的颜色更深。前翅的颜色较后翅深，后翅边缘有红褐色的色彩。其翅膀反面和正面相似，但颜色较淡，没有暗色的边带。

头部有鲜明的红斑

前翅的前缘为黑褐色

○ 幼体期：幼虫身体呈黑色，长有肉刺，头部红色。幼虫一般群集，散发浓郁的警告气味让鸟类生厌。以苎麻属、水麻属和醉鱼草属植物的叶片为食物。

○ 分布：北印度至巴基斯坦、缅甸，中国南部。

后翅黑色的"U"形纹

外缘的淡色斑点

活动时间：白天 | 采食：花粉、花蜜、植物汁液等。

別名：无　科属：蛱蝶科　翅展：7.5～10厘米

真珠贝蛱蝶

雄蝶

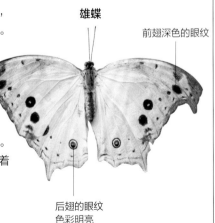

真珠贝蛱蝶雌雄两性相似，翅膀呈淡绿色，半透明状，而且有紫色虹光弥漫，比较显眼。其前翅和后翅都有深色的眼纹，在后翅尾状突起附近的眼纹色彩明亮，更加突出。明亮的眼纹能够让捕食者失去方向感。后翅外缘呈波浪形，内缘区域为淡红褐色。真珠贝蛱蝶翅膀的反面和正面较相似，但是没有深色的翅缘，反面有较小的红色眼纹。

前翅深色的眼纹

○ 幼体期：幼虫呈暗褐色，身体长有刺，沿着它的背部缀有一条由橙红色斑连接成的色带。

○ 分布：热带非洲和南非。

后翅的眼纹色彩明亮

活动时间：白天 | 采食：粪肥或腐烂水果、植物汁液等。

别名：黄蛱蝶、葎胥　科属：蛱蝶科钩蛱蝶属
翅展：4.8 ~ 5.7 厘米

黄钩蛱蝶

黄钩蛱蝶主要在春末至夏季发生，飞行动作快捷。其翅面为黄褐色，基部有黑色的斑，翅缘呈凹凸状。雌蝶翅膀的颜色略偏黄色，雄蝶前足有 1 节附节，雌蝶则有 5 节。前翅中室内有 3 枚黑色的斑点，后翅基部有 1 个黑点。黄钩蛱蝶的季节型比较分明。前翅和后翅外缘突出部分尖锐，秋型蝶尤其明显。后翅反面中域有 1 个银白色“C”形图案。

◉ 幼体期：幼虫身体表面布满枝刺，比较漂亮。幼虫主要以桑科植物葎草为食，也有记载其取食榆、梨等植物。

◉ 分布：中国（除西藏外）、日本、越南、俄罗斯，朝鲜半岛等地。

翅膀为黄褐色
后翅的黑斑点
后翅外缘的尖锐突出

活动时间：白天 | 采食：花蜜、植物汁液等。

别名：柳闪蛱蝶、淡紫蛱蝶、紫蛱蝶　科属：蛱蝶科闪蛱蝶属　翅展：5.9 ~ 6.4 厘米

柳紫闪蛱蝶

柳紫闪蛱蝶是原生于欧洲和亚洲地区的蝶种，每年可产生 3 ~ 4 代，其外形和帝王紫蛱蝶比较相似，翅膀为黑褐色，在阳光照射时能泛出强烈的紫光。前翅有 10 个左右的白斑，中室内点缀有 4 个黑点；后翅中央有 1 条白色横带，并且有 1 个小眼斑，和前翅的眼斑相似。

◉ 幼体期：幼虫身体为绿色，头部有一对白色的角状突起。寄主为杨科、柳科的植物。高龄幼虫的危害甚大，严重时能把叶片吃光，仅剩下叶柄。

◉ 分布：中国黑龙江、吉林、江苏、福建、四川，朝鲜，欧洲等地。

前翅的白色斑点
黑褐色的翅膀
波状的外缘
黑色的蓝瞳眼斑

活动时间：白天 | 采食：花粉、腐烂水果、畜粪、植物汁液等。

別名：无　科属：蛱蝶科红蛱蝶属
翅展：4.7～6.5厘米

小红蛱蝶

　　小红蛱蝶色彩鲜艳，身体比较细小，触角较长，顶部呈明显的锤状。翅膀稍大，正面呈橘褐色，前翅多为三角形，翅端呈黑色，在近顶角处有明显的白色带和白色斑点。后翅近圆形或近三角形，外缘有成列的黑色斑点，边缘呈锯齿状。翅反面为褐色或灰色。红蛱蝶和大红蛱蝶的不同是其前翅顶角附近有几个小白斑，翅膀中域有不规则的红黄色横带，后翅基部密生有黄色的鳞片。

◐ 幼体期：幼虫身体为长圆筒形，头部较小，经常有突起，体节上有枝刺。寄主多为堇菜科、忍冬科、杨柳科、桑科、榆科、大戟科、茜草科植物。幼虫以寄主植物的叶片和嫩芽为食。

◐ 分布：所有温带地区，包括热带地区的山区。

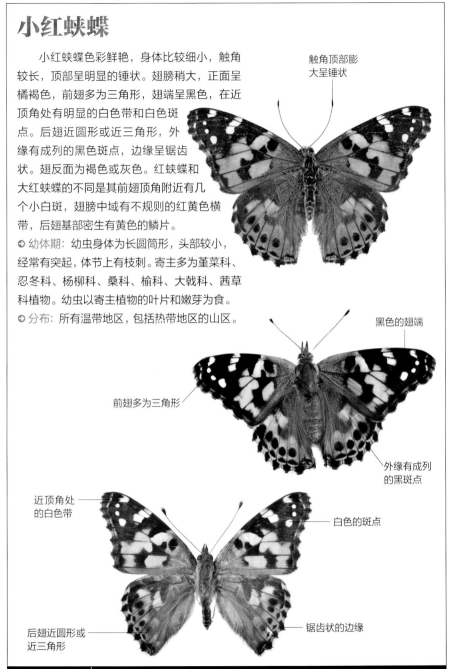

触角顶部膨大呈锤状

黑色的翅端

前翅多为三角形

外缘有成列的黑斑点

近顶角处的白色带

白色的斑点

后翅近圆形或近三角形

锯齿状的边缘

活动时间：白天　**采食：腐烂果实、植物汁液等。**

优红蛱蝶

　　优红蛱蝶分布很广，是常见的迁徙物种，成虫在春天和秋天的时期非常活跃，在 5 ~ 8 月从北非和南欧迁移。繁殖期间雄性优红蛱蝶常常在领地里飞翔以寻找雌性同伴。其翅膀色彩鲜艳，花纹比较复杂，头部和背部为黑色，前翅正面为黑色，中部分布有红色带，在近顶角处有白色的心形斑纹。后翅也呈黑色，有红橙色的条带，条带内点缀有成列的黑色小斑点，在边缘处有白色细带。

◑ 幼体期：寄主植物主要为荨麻科植物和啤酒花，幼虫以寄主植物的叶片和嫩芽为食。幼虫头上经常有突起，体节上生有枝刺，成熟的幼虫身体呈圆柱形。

◑ 分布：欧洲的中部和南部、亚洲、北非以及北美等地。

前翅正面为黑色

红橙色的条带

前翅的白色斑纹

前翅正中的红色带

成列的黑色小斑点

黑色的后翅

黑色的背部

活动时间：白天 | **采食：花蜜、发酵水果、苜蓿和鸟粪、植物汁液等。**

別名：无　科属：蛱蝶科螯蛱蝶属
翅展：8 ~ 10 厘米

白带螯蛱蝶

　　白带螯蛱蝶分为白带型和黄带型两种，是飞行速度最快的蝴蝶之一。其触角黑色，翅面为红褐色或是黄褐色，雄蝶有较强的地域性行为，其前翅的黑色外缘带较宽，中区有白色的横带。后翅亚外缘有黑带，从前缘向后缘逐渐变窄，有突出的叶脉呈齿状。雌蝶前翅正面的白色宽带延伸至前缘，外侧有一列白色斑点，后翅中域的前半部分也有白色的宽带，黑色宽带内有白色斑列。

◐ 幼体期：幼虫寄主植物为樟、浙江樟、油樟、降真香、南洋楹、海红豆等。幼虫以寄主植物的叶片、嫩叶为食。末龄幼虫头部深绿色，身体为深绿色。以老熟幼虫在叶片正面过冬。

◐ 分布：中国、斯里兰卡、印度、缅甸、泰国、马来西亚等地。

雌蝶

前翅的白色宽带向前延伸

成列白色的斑点

翅面为黄褐色

后翅的黑色宽带

雄蝶

前翅的黑色外缘

中区的白色的横带

黄褐色的翅面

后翅的黑带

突出的叶脉呈齿状

活动时间：白天 ｜ 采食：花蜜、植物汁液等。

別名：青眼蛱蝶、孔雀青蛱蝶　科属：蛱蝶科眼蛱蝶属
翅展：5～6厘米

翠蓝眼蛱蝶

雌蝶

　　翠蓝眼蛱蝶雄蝶前翅面基半部为深蓝色，有黑绒光泽，中室内有两条不太明显的橙色棒带，前翅的两枚眼纹也不明显；后翅面后缘为褐色，除此之外的大部分均呈宝蓝色光泽。雌蝶翅膀为深褐色，前翅中室内两条橙色棒带和眼纹都比较显眼，后翅大部为深褐色，眼状斑不仅比雄蝶大，而且更为显著。本种季节型较强，秋型蝶前翅的反面颜色较深，后翅多为深灰褐色，斑纹不显。夏型蝶呈灰褐色，前翅缀有黑色的眼纹，基部有 3 条橙色的横带，后翅眼纹不明显。冬型蝶颜色较深暗，所有的斑纹均不明显。

中室内的两条显著的橙色棒带

外缘呈波浪形

◉ 幼体期：幼虫以金鱼草、水蓑衣属植物的叶片和嫩芽为食。

◉ 分布：中国、日本、印度，东南亚等地。

雄蝶

不明显的眼纹

黑绒光泽

后翅的眼纹

后翅大部分呈宝蓝色

活动时间：白天 | **采食：花蜜、粪便、植物汁液等。**

別名：玻璃翼蝶　　科属：蛱蝶科
翅展：5～6厘米

宽纹黑脉绡蝶

　　宽纹黑脉绡蝶是热带蝴蝶，生活在南美洲雨林中，身体细而且长，颜色暗淡，翅膀边缘并不透明，主要有红色、橙色和深褐色3种颜色。透明状的翅膀是一种防御机制，没有颜色和鳞片，其在飞行过程中很难被捕食者发现。其胸前的一对脚退化很短，看上去仅有4只脚。宽纹黑脉绡蝶身上黄黑相间的条带，使其外表上好似胡蜂一般。

○ 幼体期：幼虫以寄主植物西番莲的叶子为食。幼虫的形状多变，既有肉虫，也有毛虫。

○ 分布：哥斯达黎加、巴拿马、厄瓜多尔和委内瑞拉等地。

翅膀边缘有红色、橙色和深褐色

翅膀呈透明状，没有鳞片

身体细而且长

| 活动时间：白天 | 采食：花蜜、腐烂的果实、植物汁液等。 |

別名：淡色小纹青斑蝶、粗纹斑蝶、淡纹青斑蝶　　科属：斑蝶科青斑蝶属　　翅展：8～10厘米

大绢斑蝶

　　大绢斑蝶的飞行能力强，喜欢在草地上空滑翔，在树林和宽阔的地方比较活跃，除七月、八月外，全年可见其飞翔，能进行长途迁徙。其体型较大，是青斑蝶类中体型最大的种类，翅膀正面为黑褐色，从翅基部发出数个浅青蓝色条纹，中域和各个翅室内都分布浅蓝色斑。雄蝶后翅反面有1个耳状的性标记，在翅膀正面呈现为一个灰黑色小块印记。

○ 幼体期：幼虫以寄主植物萝藦科南山藤属、醉魂藤属和球兰属植物的叶片和嫩芽为食。

○ 分布：中国云南、西藏、湖北、广西、台湾，菲律宾，南亚及中南半岛等地。

从翅基部发出的浅青蓝色条纹

细长的躯体

| 活动时间：白天 | 采食：花蜜、植物汁液等。 |

別名：无　　科属：蛱蝶科
翅展：7 ~ 8 厘米

虎纹斑蝶

　　虎纹斑蝶是变异极大的蝴蝶，其翅膀上共有橙色、黑色和黄色 3 种色彩，颇为显眼，黑色和橙色警示鸟类和捕食者这类蝴蝶不宜食用，类似于一些毒蝶。虎纹斑蝶后翅的后缘有黑色带，中间分布着排成列的白色斑点。翅膀反面的颜色比正面暗淡，缀有橙色斑块，上面弥漫着褐色。

○ 幼体期：幼虫身体呈黑色，背部有特别的白色带，还有一对黑色的软触毛。幼虫以无花果和番木瓜等为食。

○ 分布：墨西哥至巴西，美国南部等地。

前翅黄色的斑块

黑色和橙色有警示的作用

翅边缘的白色斑点

后翅后缘的黑色带

活动时间：白天 | **采食：花粉、花蜜、植物汁液等。**

別名：无　　科属：蛱蝶科　　翅展：5 ~ 6 厘米

孔雀纹蛱蝶

　　孔雀纹蛱蝶雌雄两性相似，翅面上的斑纹变异较多，醒目的大眼纹是孔雀纹蛱蝶的显著特征，容易辨别。其身体呈黑褐色，前翅有一个黑色的大眼纹，中室内有两条橙色带，后翅有一大一小两个眼纹，翅外缘呈波浪形。

○ 幼体期：幼虫身体为绿色至黑灰色，且分布着黄色和橙色的斑点。幼虫以车前草的叶子为食。

○ 分布：遍及北美，从加拿大安大略到美国佛罗里达，南至墨西哥等地。

中室内有两条橙色带

前翅的黑色的大眼纹

后翅的两个眼纹

黑褐色的身体

活动时间：白天 | **采食：花粉、花蜜、腐烂的果实等。**

别名：丧服蝶　科属：蛱蝶科
翅展：6 ~ 8 厘米

黄边蛱蝶

1 列黑圈的蓝斑

翅外边缘的
黄色带

　　黄边蛱蝶雌雄两性相似，背部是
深紫色，前翅的轮廓比较特别，有
两块淡黄色的斑点位于前翅前缘，
前翅和后翅的外边缘均有淡黄色带，
黄色带上斑点密布，紧挨着黄色带有
一列黑圈的蓝斑，比较容易辨认，后
翅外缘中部有尾状的突起。

◑ 幼体期：幼虫身体呈绒黑色，长有刺，
以各种不同落叶树的叶片和嫩芽为食。

◑ 分布：欧洲及亚洲温带地区，北美至南
美北部等地。

深紫色的背部

后翅外缘中部
的尾状突起

活动时间：白天 | **采食：花粉、花蜜、植物汁液等。**

别名：路易箭环蝶　科属：环蝶科箭环蝶属　翅展：10 ~ 11 厘米

箭环蝶

前翅正面为黄褐色

　　箭环蝶属于大型蝶种，经常在
树荫和竹林中飞行，其前翅正面为
黄褐色，后翅外缘呈波浪形，前翅
和后翅周边均有一圈矛头一样的黑
斑点，它因此得名。雌蝶翅膀的斑
纹比雄蝶的要大，颜色更深。翅膀反
面中间有一列红褐色的圆形斑，中心为
米色，斑点边缘为深褐色，圆斑内侧
有两条暗褐色的线纹，近似人形的侧
影图。

◑ 幼体期：幼虫以竹叶为食。

◑ 分布：云南省盐津县、麻栗坡县、马关县。

后翅外缘呈
波浪形

后翅周边有 1 圈
矛头状的黑斑点

活动时间：黎明或傍晚 | **采食：人畜粪便、腐叶烂果等。**

斜带环蝶

斜带环蝶的收藏价值和观赏价值都很高，是云南省最珍贵蝶种之一，被人们誉为"丛林之王"。身体呈黑色，翅面的底色为深褐色，前翅前缘中部到后角有一条宽大的中黄色斜带，顶角有小白斑，后翅边缘有一大一小两个浓橙色的斑块。后翅反面有一个雏鹰状的斑纹，下部有一个珠状的斑纹。

◒ 幼体期：幼虫以寄主植物的叶片和嫩芽为食物。

◒ 分布：中国云南，缅甸、泰国、新加坡等地。

前翅宽大的中黄色斜带

顶角有小白斑

翅面底色为深褐色

后翅边缘的浓橙色斑块

活动时间：白天 | 采食：花粉、花蜜、植物汁液等。

斑珍蝶

斑珍蝶的翅面为橙黄色，分布有黑色的斑纹，前翅外缘中上部有浅黑色的带，中室内有两个黑色横斑，中室外有 4 个黑斑排成列，中室下方有 3 个斑点。后翅翅面散乱分布着黑色小斑点，其外缘带较宽，带中央有一列淡棕色的圆点，内侧呈锯齿状。

◒ 幼体期：幼虫栖息在叶片背面，以叶片为食。

◒ 分布：中国云南、海南，缅甸和印度等地。

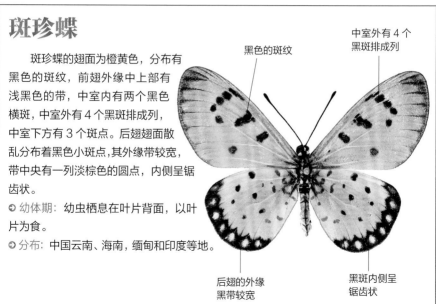

黑色的斑纹

中室外有 4 个黑斑排成列

后翅的外缘黑带较宽

黑斑内侧呈锯齿状

活动时间：白天 | 采食：花蜜、腐烂的果实、植物汁液等。

别名：崖胥蛱蝶　科属：蛱蝶科丝蛱蝶属
翅展：4.5 ~ 5.5 厘米

网丝蛱蝶

网丝蛱蝶飞行速度缓慢，喜欢在树顶和石面停留，翅膀略呈透明的白色或残旧的黄色，前翅外缘有黑边，顶角尖锐，淡褐色，后角有一个赭色夹杂着绿黄色的斑，像花束一样。一些清晰的褐色条纹从前翅前缘横穿后翅，直达后缘，和翅脉相交形成网状的纹饰，这和地图的经纬线很相似。后翅外缘呈波浪状，有尾突，较短，后翅臀角有两个花束般的花纹，和前翅的后角相似。

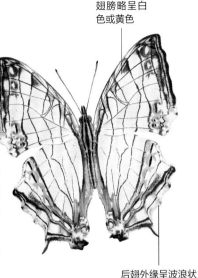

翅膀略呈白色或黄色

后翅外缘呈波浪状

⊙ **幼体期：**幼虫以榕属植物的叶片为食。幼虫的身体独特，背部有一根粗壮的肉棘。终龄幼虫身体呈绿色，能和绿色的叶片混在一起，有较好的伪装作用。

⊙ **分布：**中国、日本、印度、尼泊尔、缅甸、越南、马来半岛、新几内亚等地。

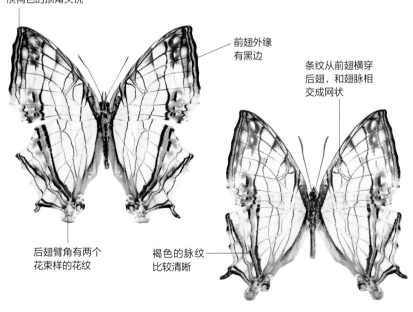

淡褐色的顶角尖锐

前翅外缘有黑边

条纹从前翅横穿后翅，和翅脉相交成网状

后翅臀角有两个花束样的花纹

褐色的脉纹比较清晰

活动时间：白天 ｜ 采食：动物粪便、腐烂的果实、植物汁液等。

别名：异纹紫斑蝶、雌线紫斑蝶、蓝线鸦　　科属：斑蝶科紫斑蝶属
翅展：7.5 ~ 9.5厘米

端紫斑蝶

端紫斑蝶属大型的有毒蝶种，喜爱访花，雄蝶经常在湿地吸水，除了冬季外均在平地至中海拔山区生活。雌雄两性蝶的前翅端部均有明亮的蓝紫色光泽，雄蝶尤其明显。两性有差异，雄蝶的前翅基部呈暗褐色，白色斑点周围有淡蓝色的圈，有些斑点没有白色的心。后翅大部分呈咖啡色，基部有淡色的三角形斑，翅缘的白点色淡。雌蝶翅膀呈褐色，前翅的紫色没有雄蝶的明显，翅面上分布有白色的细条状斑。

◑ 幼体期：幼虫有毒，身体呈黄褐色，分布有深浅不一的色带和4对尖长的黑色须，以无花果、夹竹桃以及各种马兜铃属植物的叶片为食。

◑ 分布：中国南部至印度、马来西亚、菲律宾等地。

雌蝶的翅膀呈褐色

紫色没有雄蝶的明显

雌蝶

后翅白色的细条状斑

后翅缘有1列白点

前翅基部为暗褐色

前翅的白斑点

雄蝶

前翅端部明亮的蓝紫色光泽

后翅大部分呈咖啡色

后翅缘缀有白点

活动时间：白天 | 采食：花粉、花蜜、植物汁液等。

啬青斑蝶

啬青斑蝶的头、胸部均为黑色，头部布满白色的斑点，翅膀呈黑棕色，镶嵌着水青色的点状或条状的斑纹。前翅有两条基生纹，中室端有一个齿状的横纹，横纹的上方有 5 条大小不等的呈正斜状的斑纹，外缘有一列小斑点，后翅基部斑点成条纹状，每两个条状斑在基部连起来，呈"∨"状，端半部有两个斑点列。啬青斑蝶雌雄两性差异不大，雄蝶后翅有突起的囊状性标，雌蝶则没有。

◉ 幼体期：幼虫以萝藦科和夹竹桃科植物等的叶片为食。

◉ 分布：中国、缅甸、斯里兰卡，印度南部奥里萨邦、西高止山脉等地。

雌蝶

前翅中室的基生纹

翅膀呈黑棕色

后翅基部斑点成条纹状

活动时间：白天 | 采食：花粉、花蜜等。

串珠环蝶

串珠环蝶的双翅面积较大，触角细长，躯体较小，翅膀的色彩大多暗而不鲜艳，个别种类有蓝色的斑纹。身体和翅膀均为棕褐色，前翅的外端颜色较浅，黄色，翅顶内侧有一条橙褐色的弧形斑纹，翅缘呈圆弧状。后翅正面的中部有一列不明显的圆斑点。翅膀反面有 3 条贯穿前后翅的褐纹和一列贯穿的黄色珠状斑纹，前翅呈为褐色，后翅则为深褐色。

◉ 幼体期 幼虫以寄主植物平柄菝葜、船仔草、菝葜、部分棕榈科植物的叶片和嫩芽为食。

◉ 分布：中国广东、香港、云南、海南，南亚、东南亚等地。

触角细长

翅膀为棕褐色

躯体较小

后翅中部有 1 列不明显的圆斑点

活动时间：白天 | 采食：花蜜、花粉、植物汁液等。

别名：蓝斑环蝶　科属：环蝶科斑环蝶属
翅展：8～9厘米

紫斑环蝶

　　紫斑环蝶是名贵的蝶种，数量稀少，一般生活在密林竹林中，喜欢在潮湿背阴的地方栖息，清晨或傍晚时活动，飞行缓慢，忽上忽下，呈波浪式。在海南 7 ~ 8 月有采集纪录，在西双版纳 3 月间出现较多。据说"周庄梦蝶"的典故提到的就是这种蝴蝶。紫斑环蝶的翅面为深褐色，前翅为三角形，外缘呈弧状，后翅近圆形，前翅和后翅中室后方均有一个大型的蓝紫色斑块。

◑ 幼体期：幼虫身体有毛，以寄主植物的叶片为食。

◑ 分布：中国广西、海南、云南，东南亚等地。

深褐色的翅面　　前翅呈三角形

后翅近圆形　　后翅蓝紫色的大斑块

活动时间：白天 ｜ 采食：花蜜、人畜粪便、腐叶烂果等。

别名：无　科属：珍蝶科珍蝶属　翅展：5.3～7厘米

苎麻珍蝶

　　苎麻珍蝶的翅膀为橙黄色或褐色，分布有黄褐色或褐色的脉纹，前翅前缘和外缘均为灰褐色，外缘的黑色带较宽，有 7 ~ 9 个黄斑点，外缘内有灰褐色的锯齿状纹。后翅外缘呈灰褐色，有 8 个三角形的棕黄色斑。雄蝶前翅中室端有一条横纹，雌蝶在端纹的内外均有一条横纹。

◑ 幼体期：寄主植物为苎麻、荨麻、醉鱼草属植物和茶树等。末龄幼虫头部呈黄色，有金黄色的"八"字形蜕裂线，身上长有紫黑色的枝刺，基部为蜡黄色，各体节均呈黄白色。

◑ 分布：中国、印度、缅甸、泰国、印度尼西亚、菲律宾等地。

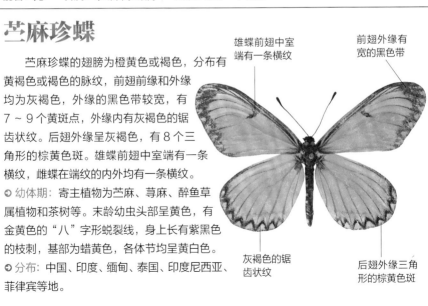

雄蝶前翅中室端有一条横纹　　前翅外缘有宽的黑色带

灰褐色的锯齿状纹　　后翅外缘三角形的棕黄色斑

活动时间：白天 ｜ 采食：花蜜、腐烂的果实、植物汁液等。

第二章
凤蝶总科

凤蝶总科的蝴蝶属中型到大型的美丽蝶种，
形态优美，翅膀基色多为黑色、黄色、白色，
翅面缀有红色、蓝色或黄色等色彩的斑纹，
许多蝶种的后翅缀有修长的尾突。
该总科包括凤蝶科、绢蝶科、粉蝶科3科，
约有1979种蝴蝶，
其共同特点是两触角基部接近，
前翅中室外的脉纹有分叉，
雌雄蝶具有发达的前足。

别名：无　科属：凤蝶科斑凤蝶属
翅展：8～10厘米

斑凤蝶

　　斑凤蝶喜爱访花，飞行力较强。其雌雄两性异形，雄蝶翅面呈黑褐色或棕褐色，基半部的颜色较深，前翅外缘和亚外缘区均有一列白斑点，顶角和亚顶角处有较大的淡黄白色斑。后翅外缘呈波浪形，波凹处有淡黄色斑点，亚外缘区缀有1～2列新月形或角棱形斑点。雌蝶的翅膀呈黑色或黑褐色，翅面的斑纹均为淡黄色，前翅基部及亚基部有放射状条纹，中区和中后区散布着大小和长短都不相同的斑纹。雄蝶的后翅内侧有上翻构造，而雌蝶没有。

◎ 幼体期：寄主植物有木兰科的玉兰花、含笑花及番荔枝科的番荔枝等。幼虫从一龄到末龄都在叶的正面栖息。

◎ 分布：中国、印度、尼泊尔、缅甸、泰国、巴基斯坦、菲律宾、马来西亚等地。

异常型

黑色的翅脉
比较明显

臀角处的黄
色斑点

后翅外缘呈
波浪形

雄蝶翅面呈黑褐
色或棕褐色

顶角的淡黄
白色斑较大

基本型

前翅亚外缘有
1列白斑点

亚外缘区新月形
或角棱形斑点

波凹处的淡
黄色斑点

活动时间：夜晚　采食：花粉、花蜜等。

别名：达摩翠凤蝶、无尾凤蝶、花凤蝶　科属：凤蝶科凤蝶属
翅展：8 ~ 10 厘米

达摩凤蝶

　　达摩凤蝶翅膀花纹绚丽，舞姿动人，是观赏蝴蝶中的佼佼者。其体背为黑色或黑褐色，翅膀为黑色或棕黑色，前翅分布有大量不规则的黄色带，外缘和亚外缘缀有黄点组成的斑列。外缘为波状，波谷有黄点。后翅外缘及亚外缘区也有斑列，中前区和亚基区的黄色大斑相连成宽横带；前缘中斑有蓝色瞳斑点，臀角有红斑，横带外侧呈凹凸状。

○ 幼体期：幼虫主要寄主为芸香科的黄皮、假黄皮、食茱萸、光叶花椒等植物。幼虫以嫩叶为食。一至四龄幼虫外表为鸟粪状，头部为褐色，有淡褐色的云状斑，身体底色为黑色，老熟幼虫的身体呈绿色。

○ 分布：中国、印度、尼泊尔、缅甸、泰国、马来西亚、澳大利亚，新几内亚等地。

前翅不规则的黄色带

翅膀为黑色或棕黑色

黑色或黑褐色的背部

大斑相连而成的黄色宽横带

外缘为波状

蓝色的瞳斑点

后翅外缘和亚外缘黄点组成的斑列

臀角的红斑

波谷的黄点

活动时间：白天 ┃ 采食：花粉、花蜜、植物汁液等。

别名：无　科属：凤蝶科凤蝶属
翅展：8 ~ 9 厘米

非洲达摩凤蝶

非洲达摩凤蝶是撒哈拉以南非洲较为常见的大型凤蝶，身体呈黑色，外形比较显眼，翅膀上有黑黄相间的花纹，有红色和蓝色的眼点，后翅臀角有红斑，外缘呈波状，波谷有黄色斑点。雌蝶的体形较雄蝶要大些。非洲达摩凤蝶是达摩凤蝶在非洲的近缘品种，但体型较大，后翅臀角处的圆形斑的颜色较暗淡。

◎ **幼体期**：幼虫寄生在芸香科柑橘属植物上，以寄生植物的叶片为食，属于农林害虫。初生幼虫身体呈黑色、黄色和白色，身上生有棘刺。它们可以伪装成鸟类的粪便。成熟的幼虫身体为绿色，有白色或粉红色的斑纹和眼点。

◎ **分布**：非洲热带地区以及马达加斯加等地。

前翅不规则的黄色带

背部为黑褐色

臀角的红斑色彩较淡

翅膀为黑色或棕黑色

亚外缘的黄色斑点链

黄色的宽横带

波谷的黄点

活动时间：白天 ｜ **采食：花粉、花蜜、植物汁液等。**

96 蝴蝶图鉴

柑橘凤蝶

　　柑橘凤蝶有春型和夏型两种，身体呈淡黄绿至暗黄色，黑色的前翅近三角形，近外缘有 8 个黄色月牙斑，翅中央从前缘到后缘有 8 个黄色的由小渐大的斑，中室基半部有 4 条黄色纵纹，呈放射状。端半部有两个黄色的新月斑。后翅为黑色，近外缘有 6 个新月形的黄斑，基部有 8 个大小不等的黄斑，臀角处有一个黑心的橙黄色圆斑，有尾状的突起。其春型翅膀呈黑褐色，夏型翅膀呈黑色，夏型雄蝶的后翅前缘多出一个黑斑。

○ **幼体期**：幼虫喜欢以芸香科的柑橘植物和茱萸为食。一龄幼虫身体为黑色，二至四龄幼虫身体呈黑褐色，分布有白色的斜带纹，身体上生有肉状的突起。

○ **分布**：中国、朝鲜、日本等地。

夏型蝶

翅膀呈黑色

尾状的突起

春型蝶

翅膀呈黑褐色

中室的 4 条放射状的黄色纵纹

身体呈淡黄绿至暗黄色

近外缘有 8 个黄色的月牙斑

近外缘的 6 个新月形的黄斑

后翅为黑色

臀角处黑心的橙黄色圆斑

活动时间：白天 **采食**：花蜜、花粉、植物汁液等。

別名：美丽丝尾鸟翼凤蝶　　科属：凤蝶科鸟翼蝶属
翅展：12 ~ 14 厘米

极乐鸟翼凤蝶

极乐鸟翼凤蝶是一种大型蝴蝶，喜爱访花，在早晨和黄昏时比较活跃。雌蝶较雄蝶大，翅膀也较圆宽阔，身体上部为黑色，腹部呈金色，褐色的前翅缀有不规则的白色斑纹；后翅呈黑色，有黄色、白色带环绕，并有 5 ~ 6 个黑色的斑点链。雄蝶头部为黑色，腹部为鲜黄色，生有绿色的绒毛，前翅呈黑色和绿色，有规则地交错，有光泽，后翅外延绿色，内缘为黑色，翅面分布有黄色带和绿色条纹。

雄蝶

前翅有较粗的黑色带

头部为黑色

腹部为鲜黄色

◑ 幼体期：幼虫身体呈黄绿色，有红色的结节和彩色的斑点，中间分布有乳白色的横纹。幼虫寄主为多种马兜铃属植物，主要取食马兜铃属植物的叶。初出生的幼虫会先吃其卵壳，再吃嫩叶。

◑ 分布：仅新几内亚岛及其周围的岛屿。

前翅有白色的不规则斑纹

雌蝶

身体上部为黑色

后翅有黄色带和绿色条纹

后翅有 5 ~ 6 个黑色的斑点

腹部呈金色

活动时间：白天 ｜ 采食：花蜜、花粉等。

别名：鹧裳凤蝶　　科属：凤蝶科裳凤蝶属
翅展：18～20 厘米

海滨裳凤蝶

　　海滨裳凤蝶是一种大型蝴蝶，喜欢滑翔，姿态优雅，在阳光照射下金光闪闪，一般在晨间黄昏时飞到野花上吸蜜。雌蝶比雄蝶大，翅膀基色是黑褐色，分布有透明的脉纹。头部和胸部黑色，腹部为黄色，下部为白色和黄色。金黄色的后翅有黑的脉纹，金黄色的斑点链比雄性的大。雄蝶前翅狭长，黑色略透，各翅脉间有透明的条纹，后翅较短，近方形，有半月形环绕的金黄色和黑色间隔的方斑，透明的翅面上黑色脉纹比较清晰。

◎ 幼体期：幼虫体型较大，生有粗大的管状肉质突起。幼虫以马兜铃属尖叶马兜铃、蜂巢马兜铃、印度马兜铃等植物的叶片为食。

◎ 分布：苏拉威西岛及其邻近岛屿，以及中亚、南亚和摩鹿加群岛等地。

雄蝶
头部为黑色
前翅黑色略透，有透明的脉纹
黄色的腹部
后翅较短
后翅金黄色和黑色间隔的方斑

雌蝶
翅脉间有透明条纹
前翅黑褐色
后翅金黄色的斑点链

活动时间：白天 | **采食：花粉、花蜜、植物汁液等。**

别名：无　科属：凤蝶科
翅展：9 ~ 16.5 厘米

北美大黄凤蝶

　　北美大黄凤蝶是北美洲分布最广的一种凤
蝶，滑翔飞行的能力较强。雄蝶和一些雌蝶的
翅面呈黄色，分布有黑、黄相间的虎斑纹，尾
部尖而细。雌蝶翅膀的底色为暗褐色或黑
色，这种形式最常见于该种分布区
的南部，据说是有毒的美洲蓝凤蝶
的拟态。它们越往北体型越小，翅膀
颜色也就越淡。

底色为黄色

前翅饰有黑、黄相
间的虎斑纹

⊙ **幼体期：**幼虫身体肥胖，呈绿色，有一对黄
黑两色眼纹，比较显著，在幼小时很像鸟粪，
以柳树和白杨树为食。由于所在地点不同，每
年可产生 1 ~ 3 代。

尾部尖而细

⊙ **分布：**美国阿拉斯加、加拿大至墨西哥湾。

活动时间：白天 | 采食：花粉、花蜜、植物汁液等。

别名：无　科属：凤蝶科锤尾凤蝶属　翅展：8 ~ 13 厘米

红斑锤尾凤蝶

　　红斑锤尾凤蝶是世界上比较珍
稀的蝶类昆虫之一，飞行速度中速，
喜欢滑翔，经常会跳跃前进，对外
界的警惕性较高。红斑锤尾凤蝶经常
在清晨和黄昏时外出，寻找花朵并吸食花
蜜。其前翅呈黑褐色，有透明的脉纹，后翅
分布有较大的黄白色斑块，臀角缀有红色斑点，
黑色的后翅尾突端部膨大呈锤状。

透明的脉纹

前翅黑褐色

⊙ **幼体期：**幼虫孵化后会不断地进食，如果
由于数量过多而使植物减少以至饥饿，它们
则会吃掉同类。幼虫在结蛹前会远离寄主
植物。

⊙ **分布：**亚洲印尼爪哇岛的部分地区。

后翅臀角有
红色斑点

黑色尾突呈锤状

活动时间：白天 | 采食：花粉、花蜜等。

別名：四尾褐凤蝶、多尾凤蝶、褐凤蝶　　科属：凤蝶科褐凤蝶属
翅展：9～10厘米

不丹褐凤蝶

前翅的 7 条淡黄白色的斜线

黑褐色的翅膀

后翅臀区较大的深红色斑块

后缘有 4 个尖而且细的突尾

　　不丹褐凤蝶不仅美丽，而且稀少，是不丹的国蝶。其身体和翅膀均为黑褐色，前翅和后翅均狭长，前翅有 7 条淡黄白色的斜线，多呈波浪形，第一条斜线较宽。后翅臀区有一个深红色的大斑块，中部为黑天鹅绒斑，内部嵌有两个蓝斑，带有白色的斑点，边缘呈锯齿状，后缘有 4 个尖而且细的突尾。

◎ 幼体期：幼虫身体粗壮，一般较光滑，有些种类长有肉刺或长毛。初龄幼虫身体多为暗色，外形似鸟粪，老龄幼虫多呈绿色、黄色，生有红斑和黑斑形成的警戒色。

◎ 分布：中国云南，缅甸、泰国、不丹、印度北部。

活动时间：白天 ｜ **采食：花蜜、腐烂的果实、植物汁液等。**

別名：无　　科属：凤蝶科锯凤蝶属　　翅展：4.5～5厘米

红星花凤蝶

短而粗的触角

前翅上鲜艳的红斑

后翅边缘有黑色的鳞毛簇

　　红星花凤蝶从深冬到春末都可见其飞翔，是一种很独特的黑、黄色蝶种，翅膀图案精美且复杂，后翅边缘有黑色的鳞毛簇，是很容易辨认的无尾凤蝶类。前翅上有鲜艳而引人注意的红斑点，这是红星花凤蝶和其他近缘种区分的特征，前翅和后翅边缘均有锯齿形的图案，后翅内缘有褐色的绒毛。雄蝶一般比雌蝶要小，且黄色的色调较浅。

◎ 幼体期：红星花凤蝶的幼虫以马兜铃的叶片为食物，虫体为淡褐色，沿身体长有几排粗而短的红刺。

◎ 分布：法国东南部，西班牙和葡萄牙。

活动时间：白天 ｜ **采食：花蜜、腐烂的果实等。**

别名：无　　科属：凤蝶科剑凤蝶属
翅展：5.8 ~ 6.2 厘米

华夏剑凤蝶

华夏剑凤蝶是世界上比较珍稀的蝶类昆虫之一，其基色为乳白色或淡黄白色，翅薄，前翅部分区域几近半透明。成虫体背为黑褐色，有黄白色的长毛，腹面为灰白色。翅膀呈淡黄白色，前翅斑纹为黑褐色或淡黑色，有 10 条横带或斜横带。后翅有 4 条斜斑纹，位于前缘斜向臀角区，细长的尾突基部有弯月形纹，斑纹呈青蓝色。翅膀反面和正面相似，反面后翅中部有两条呈"8"字形的黑线。

◎ 幼体期：幼虫体型较大，以寄主植物的叶片和嫩芽为食物。

◎ 分布：中国云南、四川、浙江、贵州，尼泊尔和缅甸等地。

斑纹为黑褐色或淡黑色

前翅部分区域几近半透明

尾突细长

活动时间：白天 ｜ 采食：花粉、花蜜、植物汁液等。

别名：绿鸟翼蝶、东方之珠蝶　　科属：凤蝶科鸟翼凤蝶属　　翅展：10.8 ~ 13 厘米

绿鸟翼凤蝶

绿鸟翼凤蝶属于大型蝶种，喜欢滑翔飞行，是印度尼西亚的国蝶。本蝶种的雄蝶胸部黑色、腹部金黄色，正面翅色有黑色和绿色，图案色彩鲜明，前翅较大，端部较尖，后翅缘呈波浪状，前翅的反面呈黑色，中央部分为绿松石色，分布有黑色的脉纹。绿鸟翼凤蝶雄、雌蝶异形，雌蝶比雄蝶要大得多，翅膀呈黑色。

◎ 幼体期：幼虫颜色从黑褐色到灰色，带有长长的肉棘，有一条白色带横贯幼虫身体的中部。幼虫以马兜铃属植物的叶片为食物。

◎ 分布：从马六甲到巴布亚新几内亚、所罗门群岛和澳大利亚北部等地。

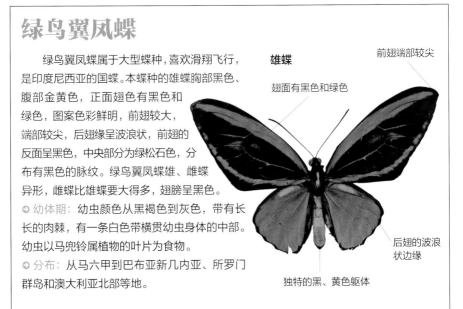

雄蝶

翅面有黑色和绿色

前翅端部较尖

后翅的波浪状边缘

独特的黑、黄色躯体

活动时间：白天 ｜ 采食：花蜜、腐烂的果实、汁液等。

別名：八百圆蝶、梦幻之蝶、大燕尾蝶　　科属：凤蝶科宽尾凤蝶属
翅展：9 ~ 12 厘米

台湾宽尾凤蝶

　　台湾宽尾凤蝶为台湾特产的大型蝶类，在1932 年被首次发现，不仅美丽且还稀少，学术研究上具有极高的价值。其身体呈黑色，前翅呈黑色，略带褐色，后翅中室附近有较大的白纹，外缘有一排红色的弦月形纹。雌、雄蝶的外形和斑纹相似，雌蝶体形稍大。宽尾凤蝶与其他凤蝶最大的差异是尾状突起特别宽大，内由两条红色的第 3、4 翅脉贯穿。

◎ 幼体期：幼虫以台湾檫树叶片为食物，食性单一。初龄幼虫外观拟态鸟粪状，一龄幼虫头部、胸和腹部均为灰褐色，终龄幼虫头部为黄褐色，身体呈翠绿色。

◎ 分布：中国台湾海拔 1000 到 2000 米的山区。

前翅底色黑而略带褐色

尾状突起特别宽大

外沿有 1 排红色的弦月形纹

活动时间：白天 ┃ 采食：花蜜、植物汁液等。

別名：黄毛白绢蝶、白绢蝶、薄羽白蝶　　科属：凤蝶科绢蝶属　　翅展：6 ~ 7 厘米

冰清绢蝶

　　冰清绢蝶除了研究价值，还具有较高的观赏价值。其身体呈黑色，覆盖着黄毛，颈部有一轮黄色的毛丛。翅膀为白色，半透明状，如绢，翅脉呈灰黑褐色。前翅亚外缘有一条褐色的带纹，前翅中室内和中室端各有一个黑褐色的横斑。后翅内缘有一条纵的宽黑带。

◎ 幼体期：幼虫寄主植物为延胡索、小药八旦子、全叶延胡索等 。一龄幼虫头部为黑褐色，生有黑毛，前胸背板呈黑褐色，上面生有 5 对黑毛。

◎ 分布：中国黑龙江、吉林、河南、山东、云南、浙江，日本、朝鲜等地。

黑色的身体被有黄毛

后翅内缘的宽黑带

白色的翅膀半透明状

活动时间：白天 ┃ 采食：花粉、花蜜、植物汁液等。

別名：红颈鸟翼蝶、翠叶凤蝶　　科属：凤蝶科红颈凤蝶属
翅展：12～14.5厘米

翠叶红颈凤蝶

　　翠叶红颈凤蝶是马来西亚的国蝶，成虫飞翔姿态优美，经常在晨间黄昏时飞至野花吸蜜。身体（腹部）为棕色，头部和胸部为黑色，有红色绒毛在后颈和胸部的下方。雌雄蝶有差异，雄蝶的前翅狭长，翅底为黑色，亚外缘有一列绿色的三角形金属斑，整齐排列。后翅较狭小，近中室或中室处有单一金属绿色区域，有金属蓝条纹。雌蝶翅膀的颜色暗淡，翅面呈棕色，分布有白色和绿色斑点。

◎ 幼体期：幼虫寄主几种马兜铃属的植物，以马兜铃属植物的叶为食物。幼虫期有五龄，终龄幼虫会啮断寄主木质化茎，致使植物上半部枯死。幼虫从一龄到末龄都在叶的正面栖息。

◎ 分布：马来西亚、缅甸、泰国、印度尼西亚、菲律宾巴拉望岛、马来半岛、婆罗洲、苏门答腊等地。

雄蝶的前翅狭长

雄蝶

翅底为黑色

后颈有红色绒毛

亚外缘有1列绿色的
三角形斑

单一的金属绿
色区域

后翅较狭小

雌蝶

前翅的白色斑

前翅后缘的绿色斑

雌蝶的翅面
呈棕色

活动时间：白天　采食：花粉、花蜜、植物汁液等。

别名：华莱士金鸟翼凤蝶　科属：凤蝶科鸟翼凤蝶属
翅展：17～20 厘米

红鸟翼凤蝶

　　红鸟翼凤蝶属大型蝶种，生活在茂密的热带雨林中，在早晨和黄昏活跃，飞行姿态优雅而高贵。雄蝶前胸为黑色，腹部为金黄色。其前翅呈黑色，上半部分有橘红和绿色的带；后翅有黑色的边缘，内侧长有绒毛，有大片黄、绿色带，有脉纹和黑色的斑点链。雌性红鸟翼凤蝶比雄蝶大，前胸黑色，腹部则为黄色，胸部局部有红色的绒毛。其前翅多呈褐色，有白色的不规则斑点；后翅多为黑褐色，不规则斑点链呈金黄色。

◎ 幼体期：寄主植物为多种马兜铃属的植物，主要以寄主植物的叶片为食物。孵化出的幼虫会在该种植物上觅食，先吃嫩叶。幼虫身体呈黑色，长有红色的结节。

◎ 分布：印度尼西亚摩鹿加群岛。

雌蝶

前翅多呈褐色

白色不规则的斑点

后翅有金色的不规则斑点链

雄蝶

前翅上半部分橘红色的带

后翅的大片黄色带

黑色的斑点链

后翅的黑色边缘

金黄色的腹部

活动时间：白天 ｜ 采食：花粉、花蜜等。

别名：红腹凤蝶、七星凤蝶、红纹曙凤蝶、红纹凤蝶　科属：凤蝶科珠凤蝶属
翅展：7 ～ 9.4 厘米

红珠凤蝶

　　红珠凤蝶是中到大型的美丽蝶种，成虫有群集性，一般春、秋季较常见。其飞行缓慢，常在山区路旁林缘的花丛中飞舞或访花、吸蜜。其后翅的白色斑有小斑、多斑、大斑、U 形斑等多种类型。体背为黑色，颜面、胸侧、腹部末端密生有红色毛。前、后翅均为黑色，脉纹两侧为灰白或棕褐色，有的个体前翅中、后区色淡或呈黑褐或棕褐色。后翅中室外侧有 3 ～ 5 枚白斑列，有 3 枚斑的呈 "小" 字排列。外缘波状，翅缘有 6 ～ 7 枚粉红色或黄褐色斑，多为弯月形。

◐ 幼体期：幼虫不喜活动，一般在叶背或茎蔓上栖息，老熟幼虫在寄主植物的茎上、老叶背或附近的植物上化蛹。

◐ 分布：中国、印度、缅甸、泰国、马来西亚、印尼、菲律宾等地。

脉纹两侧为灰白或棕褐色

外缘呈波状

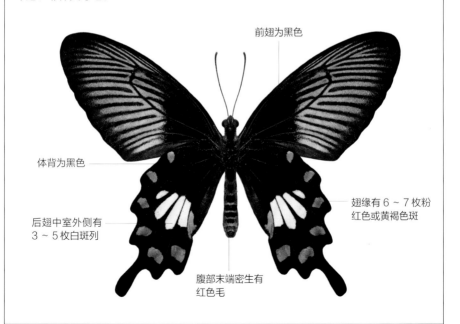

前翅为黑色

体背为黑色

后翅中室外侧有 3 ～ 5 枚白斑列

腹部末端密生有红色毛

翅缘有 6 ～ 7 枚粉红色或黄褐色斑

活动时间：白天　｜　采食：花粉、花蜜等。

金凤蝶

　　金凤蝶是一种大型蝶，分春、夏两型。其
体翅为金黄色，美丽而华贵，观赏和
药用价值都很高。金凤蝶喜欢访花
吸蜜，少数有吸水活动。从头部到腹
部有一条黑色的纵纹，黄色的前翅分
布有黑色的斑纹，外缘有黑色宽带，
宽带内嵌有 8 个黄色的椭圆斑，宽带
散生有黄色的磷粉。后翅内半黄色，外
缘的黑色宽带嵌有 6 个黄色的新月斑，
里面另有蓝色的略呈新月形的斑。外半
黑后中域有一列蓝雾斑，臀角有一枚橘
红色的圆斑。

◑ 幼体期：幼虫多寄生在茴香等植物上，
以叶片和嫩枝为食。幼虫最初的外表像鸟
粪，五龄幼虫身体呈绿色，有黑色和绿色的斑纹。

◑ 分布：中国云南省昭通地区。

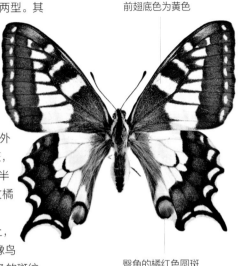

前翅底色为黄色

臀角的橘红色圆斑

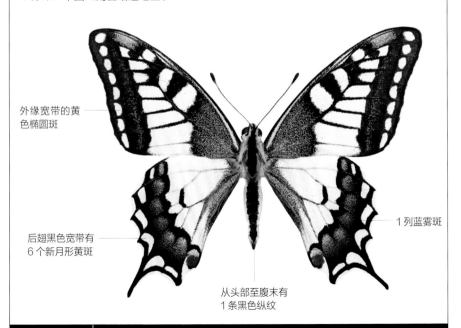

外缘宽带的黄
色椭圆斑

后翅黑色宽带有
6 个新月形黄斑

从头部至腹末有
1 条黑色纵纹

1 列蓝雾斑

活动时间：白天 ｜ 采食：花粉、花蜜等。

别名：无　科属：凤蝶科喙凤蝶属
翅展：8 ~ 10 厘米

喙凤蝶

喙凤蝶雌雄两性异形。雄蝶身体为绿色，前翅基部为金绿色，外缘为一条黑色窄带，向内弯曲，其外侧有一条黄色的带。外半部浅褐色，有 3 条阴影状暗带位于前缘至后角；后翅基半部为金绿色，中域有一个较大的近长三角形金黄色斑，外缘呈齿状，有黄色的新月形斑，尾突端为黄色。雌蝶前翅有两条灰色带，后翅外缘齿突增长，尾突细长，端部为黄色。中域斑为淡灰色，其外缘有一条齿状的褐色横带，外缘的 3 个齿突构成"W"形。

◐ 幼体期：幼虫有 5 龄，一龄幼虫头部呈暗褐色，长有黑色毛，身体为暗褐色。五龄幼虫头则为淡绿色，泛橘黄色的光泽。

◐ 分布：中国云南、四川、广西，缅甸、尼泊尔、不丹，印度北部等地。

雄蝶

身体为绿色

后翅中域有长三角形的金黄色大斑

前翅有两条灰色带

雌蝶

淡灰色的中域斑

尾突细长，端部黄色

外缘 3 个齿突成"W"形

活动时间：白天　采食：花粉、花蜜、植物汁液等。

金裳凤蝶

　　金裳凤蝶是大型而美丽的蝴蝶，飞行能力较强，喜欢滑翔飞行，姿态优美，后翅金黄色和黑色交融的斑纹在阳光下绚丽夺目。金裳凤蝶雄蝶前翅狭长，为黑色，黑色翅脉的两侧具有显眼的灰白色鳞片。后翅较短，近方形，呈金黄色，仅翅膀边缘有黑斑，后翅没有尾突，在逆光照下会反射出青、绿和紫色。雌雄蝶前翅相差不多，雄蝶后翅有大面积的金黄色，雌蝶后翅有 5 个标志性的金色"A"字，这也是最明显的特征。

◐ 幼体期：幼虫寄主马兜铃属植物，以植物的叶片和嫩芽为食物。幼虫体型较大，生有粗大的管状肉质突起，它们从一龄到末龄都在叶片的正面栖息。

◐ 分布：中国、印度尼西亚、缅甸、泰国、印度和尼泊尔等地。

雌蝶

前翅为黑色

后翅有 5 个金色"A"字形图案

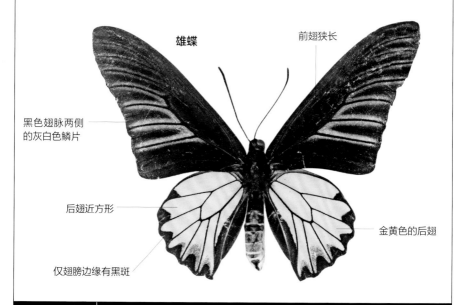

雄蝶

前翅狭长

黑色翅脉两侧的灰白色鳞片

后翅近方形

金黄色的后翅

仅翅膀边缘有黑斑

活动时间：白天 ｜ 采食：花粉、花蜜、植物汁液等。

别名：无　科属：凤蝶科鸟翼凤蝶属
翅展：17～21厘米

蓝鸟翼凤蝶

　　蓝鸟翼凤蝶是一种大型蝴蝶，生活在热带
雨林中，晨昏时分最活跃。雄蝶前胸呈黑色，
腹部则为金黄色，前翅边缘为黑色，
渐变为深蓝色，中间部分为黑色；后
翅的边缘为黑色，中间呈深蓝色，下
方有黑色斑点链，内侧具有绒毛。雌蝶
比雄蝶要大，前胸为黑褐色，腹部为乳
白色，前翅棕褐色，有比较明显的黑褐色
脉纹和不规则的乳白色带；后翅也为棕褐色，
翅膀末端有三角形的斑点链和卵形的斑纹。

◑ 幼体期：幼虫身体为黑色，有红色结节，中
间有乳白色的横纹，寄主为马兜铃属植物，主
要以马兜铃属植物的叶片和嫩芽为食物。刚孵
化的幼虫先吃掉卵壳，然后吃嫩叶。

◑ 分布：大洋洲的马莱梅锡克岛、格拉、伦多
瓦岛、所罗门群岛、新爱尔兰等地。

雄蝶

中间部分
为黑色

前翅边缘为黑色

黑色的斑点链

后翅中间为
深蓝色

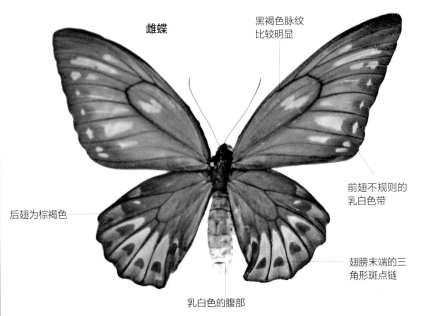

雌蝶

黑褐色脉纹
比较明显

前翅不规则的
乳白色带

后翅为棕褐色

翅膀末端的三
角形斑点链

乳白色的腹部

活动时间：白天 | 采食：花粉、花蜜等。

别名：马兜铃凤蝶　科属：凤蝶科贝凤蝶属
翅展：7.5 ~ 11 厘米

美洲蓝凤蝶

　　美洲蓝凤蝶属大型蝶种，触角细长，背部为深褐色，黑色的腹部较短。头部黑色，有白色斑点。雄蝶前翅呈棕褐色，下端有一列平行于翅膀外边缘的白色斑点，后翅有闪亮的金属般的蓝色光，正面后翅有一连串和翅膀外缘平行的黄色斑点，翅边缘呈波浪形。反面前翅几乎完全覆盖蓝黑色，下端有平行于翅膀外边缘的白色斑点。雌蝶与雄蝶外形相似，但雌性比雄性略大，在色彩斑点上，雌性前后翅均为棕褐色。

◎ 幼体期：幼虫寄主多为马兜铃科、旋花科和蓼科等植物，取食各种攀缘植物，特别是马兜铃的叶片。幼虫呈红褐色，背部生有数排黑色或红色的肉质角状突起。

◎ 分布：主要在北美洲，从加拿大南部延伸至危地马拉。

雌蝶

黑色头部有白色斑点

翅膀边缘呈波浪形

雄蝶（腹面）

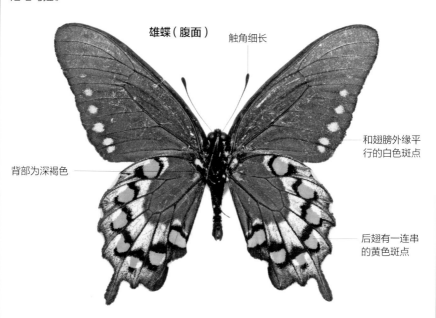

触角细长

和翅膀外缘平行的白色斑点

背部为深褐色

后翅有一连串的黄色斑点

活动时间：白天　采食：花蜜、腐烂果实的汁液等。

別名：鸟翅裳凤蝶　科属：凤蝶科裳凤蝶属
翅展：12～20 厘米

鸟翼裳凤蝶

鸟翼裳凤蝶属翅色艳丽的大型蝶种，喜欢
滑翔飞行，整年可见其飞翔，飞舞时姿态优美，
黄色的后翅在阳光下金光闪闪，像
披着镶金的衣裳。其触角、头部和
胸部均为黑色，头胸侧边有红色绒毛，
腹部呈黄色或浅棕色。鸟翼裳凤蝶雌
蝶大于雄蝶，雌蝶前翅为棕色或黑褐色，
金黄色的后翅分布有黑色的环链珠形的
斑点。雄蝶狭长的前翅略透，后翅较短，近
方形，沿内缘有长毛，各翅脉两侧为白色，
金黄色的后翅上的脉纹更为清晰。

◎ 幼体期：幼虫体型较大，生有粗大的管状
肉质突起。寄主植物为多种马兜铃属的植物，
幼虫以马兜铃属植物的叶片和嫩芽为食物。

◎ 分布：中国台湾、香港、云南、贵州，印度
尼西亚、缅甸、马来西亚等地。

雌蝶

前翅呈棕色
或黑褐色

翅脉两侧为白色

腹部浅棕色

雄蝶

头部为黑色

黑色的前翅狭长

后翅近方形

金黄色的后翅面

黄色或浅棕色
的腹部

活动时间：白天　**采食：花粉、花蜜等。**

别名：樟青凤蝶、蓝带青凤蝶、青带凤蝶　科属：凤蝶科青凤蝶属
翅展：7 ~ 8.5 厘米

青凤蝶

　　青凤蝶喜欢访花和吸蜜，飞行能力较强，经常在清晨和黄昏时分结队在潮湿地和水池旁休息。可分为春型和夏型两种，其翅膀为黑色或浅黑色，前翅有一列青蓝色的方斑，从前缘向后缘逐渐变大，近前缘的斑纹最小。后翅有 3 个斑位于前缘中部到后缘中部之间，近前缘的一个斑为白色或淡青白色。外缘区有一列青蓝色的斑纹，新月形，外缘为波状。雄蝶后翅有内缘褶，雌蝶则没有。

◎ 幼体期：幼虫寄主为樟树、香楠、山胡椒等植物。初龄幼虫的头部与身体均为暗褐色，但末端为白色，至四龄时全体底色转绿。老熟幼虫一般会在寄主植物的枝干处化蛹。

◎ 分布：中国、日本、印度、缅甸、泰国、马来西亚、斯里兰卡、菲律宾、澳大利亚等地。

雌蝶

翅膀为黑色或浅黑色

前翅青蓝色的方斑

外缘区青蓝色的斑列

雄蝶

方斑从前缘向后缘逐渐变大

外缘呈波状

背部为黑色

青蓝色的新月形斑纹

活动时间：白天 | **采食：花粉、花蜜等。**

统帅青凤蝶

统帅青凤蝶属于中型蝴蝶，比较常见，喜欢访花，飞行速度较快。统帅青凤蝶身体背面为黑色，两侧有淡黄色的毛。其前翅为黑褐色，上面布满细碎的黄绿色的斑纹，中室有 8 个斑，大小和形状均不同，亚外缘区有一列小斑，和翅外缘平行；后翅内缘有一条从基部斜至臀角的纵带，另一条黄绿色的纵带从前缘亚基区斜向亚臀角，被脉纹从中间隔断。外缘呈波状，雌蝶的尾突比雄蝶要长。

◎ **幼体期**：幼虫以寄主植物洋玉兰、白兰等植物的叶片和嫩芽为食物。初龄幼虫身体暗褐色，一、二龄时前胸突转为暗褐色，中、后胸为突白色，三、四龄幼虫的突起均变为蓝黑色。

◎ **分布**：中国、印度、缅甸、泰国、印度尼西亚、澳大利亚，太平洋诸岛等地。

雌蝶

亚外缘区的
1 列小斑

黑褐色的前翅

从基部斜至臀
角的纵带

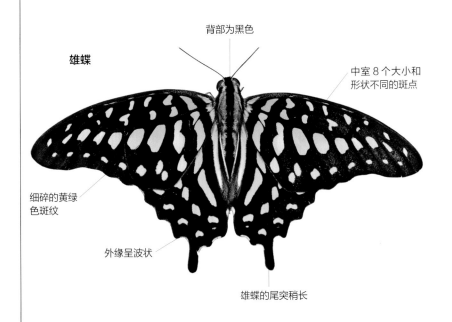

背部为黑色

雄蝶

中室 8 个大小和
形状不同的斑点

细碎的黄绿
色斑纹

外缘呈波状

雄蝶的尾突稍长

活动时间：白天 ｜ **采食**：花粉、花蜜、植物汁液等。

别名：桃红凤蝶　　科属：凤蝶科曙凤蝶属
翅展：11 ～ 13 厘米

曙凤蝶

曙凤蝶为台湾特产，属于大型蝶种，其喜爱访花，飞行缓慢。雌、雄蝶异形，其体背为黑色，两侧和腹面均具有红色的绒毛。雄蝶翅膀正面黑色而光亮，有丝绒的质感，前翅端较圆钝，后翅狭长；反面端半部为红色，内部镶嵌有 7 个黑斑。雌蝶比雄蝶稍大些，翅膀正面黑底带褐色，前翅略宽，后翅翅形稍圆，后翅背面下半部的红色较浅，外缘明显呈波浪状。前翅的大部和后翅颜色较淡，后翅端半部呈灰黄色，内部镶着 8 个黑色斑，后翅反面端半部为浅红色。

◎ 幼体期：幼虫寄主植物为琉球马兜铃，幼虫头部为黑色，身体呈褐色，胸部和腹部的颜色稍淡。

◎ 分布：中国台湾中部山区、东半部和中央山脉山区。

雄蝶

翅膀正面黑色而光亮

前翅端圆钝

后翅狭长

后翅臀缘褶大，反卷

7 个黑色的斑点

雌蝶

雌蝶前翅略宽

背部为黑色

翅膀正面黑底带褐色

后翅近基半部为黑色

外缘呈波浪状

后翅端半部为灰黄色

后翅端的黑斑

活动时间：白天 ┃ 采食：花粉、花蜜等。

别名：四纹绿凤蝶、黑褐带樟凤蝶、褐带绿凤蝶　科属：凤蝶科绿凤蝶属

翅展：约 5.5 厘米

斜纹绿凤蝶

斜纹绿凤蝶比较珍稀。成虫发生在早春，由于发生时间较短，所以其不太常见。雄蝶喜欢在河边的潮湿地群聚集和吸水，其翅面为半透明状的淡绿白色，背部为黑褐色，腹面为灰白色；前翅外缘带为黑色，从前缘 3/4 处有一条黑色斜带通到臀角，中室有 3 条黑褐色的带。后翅的外缘为波状，外缘区为黑色，沿外缘有一列波状褐色或白褐色细纹，中带黑褐色斜向臀角，但被肛角的红色斑截住。黑色的尾突细且长，呈剑状。其翅反面呈淡绿色，分布有红色的细纹。

黑褐色的体背

黑色的尾突呈剑状

○ **幼体期**：幼虫以番荔枝科瓜馥木为食物。初龄幼虫外观拟态鸟粪状，随着幼虫成长，体色逐渐变为黑绿色。

○ **分布**：中国、印度、缅甸、泰国、越南、柬埔寨、马来西亚、印度尼西亚等地。

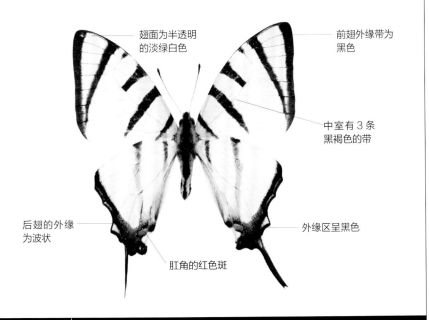

翅面为半透明的淡绿白色

前翅外缘带为黑色

中室有 3 条黑褐色的带

后翅的外缘为波状

肛角的红色斑

外缘区呈黑色

活动时间：白天 | **采食**：花粉、花蜜、植物汁液等。

亚历山大女皇鸟翼凤蝶

　　亚历山大女皇鸟翼凤蝶是世界上最大的蝴蝶。它们是由罗斯柴尔德为纪念英王爱德华七世的妻子亚历山德拉皇后而命名。自 1989 年以来，这种鸟翼凤蝶已经成为濒临灭绝的物种。亚历山大女皇鸟翼凤蝶在早晨、黄昏比较活跃，并会在花间觅食。雌蝶比雄蝶要大些，翅膀也较圆和宽阔。其翅膀为褐色，有白色斑纹，身体呈乳白色，胸部局部有红色的绒毛。雄蝶较为细小，翅膀也为褐色，有虹蓝光泽和绿色的斑纹，腹部为鲜黄色。

◎ **幼体期**：幼虫呈黑色，有红色的结节，在中间有奶白色的横纹。幼虫在马兜铃属植物上觅食，初出生的幼虫会先吃其卵壳，然后吃嫩叶，在结蛹前会吃掉蔓藤。

◎ **分布**：巴布亚新几内亚东部的北部省。

雄蝶

前翅的虹蓝色光泽

鲜黄色的腹部

后翅绿色的斑纹

雌蝶

前翅白色的斑纹

褐色的翅膀

雌蝶后翅较雄蝶要圆

活动时间：白天 ｜ **采食：花蜜、花粉等。**

荧光裳凤蝶

　　荧光裳凤蝶是一种大型蝴蝶，生活在低海拔山区。飞翔时姿态优美，后翅金黄色和黑色交融的斑纹在阳光照射下金光灿灿，在逆光下会闪现珍珠般的光泽。成虫喜滑翔飞行，多在晨间、黄昏时飞至野花吸蜜。雄蝶前翅黑色，狭长，后翅较短，近方形，金黄色，没有尾状的突起，黑色外缘为波状。其正面沿内缘有褶皱，并且有长毛。雌蝶后翅中室外侧有较宽厚的黑带，且嵌有金黄色的花纹。

◉ 幼体期：幼虫生有粗大的管状肉质突起。寄主多种马兜铃属的植物，以马兜铃属植物的叶片为食物。初龄幼虫为暗红色，其后体色渐深而呈暗红色或红黑色。

◉ 分布：中国台湾，印度尼西亚或菲律宾等地。

雌蝶

黑色的前翅

清晰的脉纹

金黄色的花纹

后翅宽厚的黑带

雄蝶

黑色的前翅狭长

后翅呈金黄色

黑色的波状外缘

后翅内缘的褶皱

活动时间：白天 ｜ 采食：花粉、花蜜、植物汁液等。

別名：华西褐凤蝶、三尾凤蝶、中华褐绢蝶　　科属：凤蝶科尾凤蝶属

翅展：8.6 ~ 9.2 厘米

三尾褐凤蝶

　　三尾褐凤蝶为高山蝶种，生活在海拔2000 米以上的山区。该蝶是世界珍稀种，也是中国特有的蝶种，属国家二级重点保护动物，中国曾发行过三尾褐凤蝶的邮票。雌雄蝶外形相同，雌蝶比雄蝶要稍大些。其身体呈黑色，腹面生有白色的绒毛。翅膀为黑色，前翅有 8 条白色的横带，从基部数第 6 和 7 条横带在中部合并后到后缘。后翅上半部有 3 ~ 4 条斜横带，近基部的一条横带走向近臀角处的红色横斑，3 枚蓝色斑点位于红斑下方。后翅外缘有 4 ~ 5 枚斑，有的斑呈弯月形，有 3 枚长短不等的尾突。

◎ **幼体期**：幼虫寄主马兜铃科的木香马兜铃，以寄主植物的叶片和嫩芽为食物。

◎ **分布**：中国西藏、云南、四川、陕西等地。

黑色的翅膀

身体呈黑色

腹部有白色绒毛

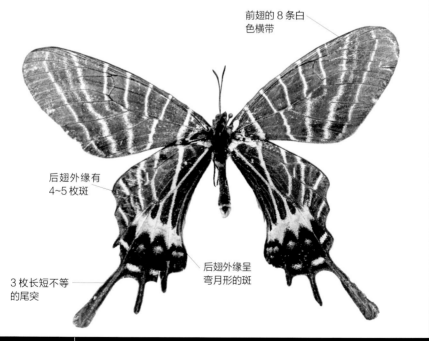

前翅的 8 条白色横带

后翅外缘有4~5枚斑

后翅外缘呈弯月形的斑

3 枚长短不等的尾突

活动时间：白天 **采食：花蜜、腐烂果实、植物汁液等。**

別名：无　科属：凤蝶科凤蝶属
翅展：9 ~ 11.1 厘米

红基美凤蝶

　　红基美凤蝶成虫喜欢访白色系的花，在臭水沟处聚集，它们多在常绿林带的高处活动，飞行迅速，警觉性高而且很少停息，所以比较难捕捉。成虫雌雄异形，身体和翅膀均为黑色，覆盖有蓝色的鳞片。雄蝶前翅中室基部有一条红色的纵斑，有时不明显。后翅狭长，有波状的外缘，无尾突，臀角有一个环形小红斑。雌蝶前翅中室基部有一条宽大的红色条斑，后翅外缘为齿状，且有宽且短的尾突。

◐ 幼体期：幼虫体型较大，共五龄，以柑橘等芸香科植物的叶片等为食物。

◐ 分布：中国、不丹、尼泊尔、缅甸、印度等国家。

雌蝶

黑色的前翅

身体背部为黑色

臀角的环形小斑

后翅波状的外缘

| 活动时间：白天 | 采食：花蜜、植物汁液等。 |

別名：浓眉凤蝶、乌凤蝶、翠凤蝶、黑凤蝶　科属：凤蝶科凤蝶属　翅展：9 ~ 13.5 厘米

碧翠凤蝶

　　碧翠凤蝶的身体、翅膀均为黑色，布满了翠绿色的鳞片，在脉纹间集中成翠绿带。后翅翠绿色鳞片或均匀散布，或集中在基半部，有的集中在上角附近呈现翠蓝色。亚外缘有一列弯月形蓝色斑纹和红色斑纹。外缘呈波状，臀角有红色的环形斑纹，

◐ 幼体期：幼虫寄生在芸香科的柑橘属、光叶花椒、食茱萸、贼仔树等植物。初龄幼虫为褐色，到四龄时腹部背侧的白纹减退，体色变成暗绿色。老熟幼虫体色为深绿色、鲜绿色或黄色。

◐ 分布：日本、韩国、朝鲜、越南、印度、缅甸等国家。

翅膀为黑色

脉纹间的翠绿带

弯月形的蓝色斑纹

后翅的波状外缘

| 活动时间：白天 | 采食：花蜜、植物汁液等。 |

別名：无　　科属：凤蝶科
翅展：10 ~ 14 厘米

大黄带凤蝶

大黄带凤蝶是在北美发现的最大的蝴蝶之一，其背部和翅膀均呈深褐色或黑色，前翅和后翅均分布有成列的黄色大斑纹，色彩对比明显，容易辨认，斑纹的大小可以和别的种类凤蝶加以区分。后翅有尾状的突起，上面缀有黄色的眼斑。

◎ 幼体期：幼虫身体呈褐色，带有污白色的斑点。幼虫以各种野生植物为食物。

◎ 分布：中美到墨西哥与美国南部等地。

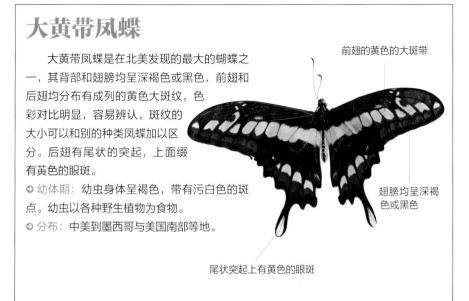

前翅的黄色的大斑带

翅膀均呈深褐色或黑色

尾状突起上有黄色的眼斑

活动时间：白天 ｜ 采食：花粉、花蜜、植物汁液等。

別名：无　　科属：凤蝶科凤蝶属　　翅展：9 ~ 10.8 厘米

非洲白凤蝶

非洲白凤蝶雄蝶腹部为锥形，翅膀呈黄色或白色，前缘呈黑色，顶角和翅外缘有黑色大斑纹，后翅的尾状突起较长，突起中部有翅脉穿过。雌蝶有多型现象，能各自模拟不同的斑蝶属蝴蝶，非拟态雌蝶的后翅有尾状突起。

◎ 幼体期：绿色幼虫身体丰满，有白色的斑纹和橘红色的臭角。它们以柑橘和近绿植物为食物。

◎ 分布：非洲撒哈拉沙漠以南以及马达加斯加和科摩罗群岛等地。

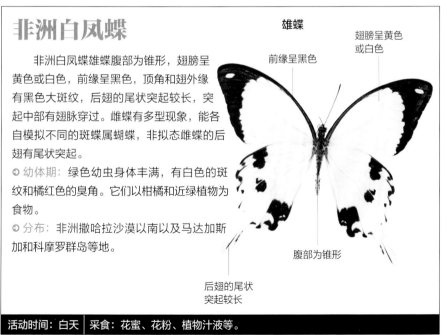

雄蝶

翅膀呈黄色或白色

前缘呈黑色

腹部为锥形

后翅的尾状突起较长

活动时间：白天 ｜ 采食：花蜜、花粉、植物汁液等。

別名：无　科属：凤蝶科裳凤蝶属
翅展：13 ~ 15 厘米

裳凤蝶

　　裳凤蝶爱访花，喜欢滑翔飞行，姿态优美。其触角、头部和胸部均为黑色，头胸侧边有红色的绒毛，腹部为浅棕色或黄色。雄蝶前翅为黑色，狭长，各翅脉两侧为白色。后翅近方形，尾翼金黄色，脉纹清晰，正面沿内缘有褶皱。雌蝶体形比雄蝶稍大，前翅为黑色或褐色，后翅为金黄色，亚缘有一列三角形的黑色斑纹。裳凤蝶与金裳凤蝶的区别在于，裳凤蝶雄蝶后翅黑边呈规则波浪形，金裳凤蝶的后翅黑边模糊；裳凤蝶后翅靠近内缘有黑斑，而金裳凤蝶则不明显。

◐ 幼体期：幼虫体形较大，生有粗大的管状肉质突起。以马兜铃属植物的叶片和嫩芽为食物。

◐ 分布：中国、尼泊尔、印度、缅甸、柬埔寨、泰国、越南、马来西亚半岛等地。

雄蝶

各翅脉两侧为白色

腹部为浅棕色或黄色

雌蝶

黑色的前翅狭长

头部为黑色

雄蝶

雌蝶体型比雄蝶稍大

前翅黑色或褐色

后翅近方形

清晰的脉纹

靠近内缘有黑斑

金黄色的后翅

波状的后翅外缘

亚缘的三角形黑色斑列

活动时间：白天　采食：花粉、花蜜、植物汁液等。

旖凤蝶

　　旖凤蝶飞行快速而不太敏捷，经常在空中滑翔，雄蝶在夏天喜欢吸水。其翅膀为黄色，前翅有 7 条黑色的横带，其中自基部起第 1、第 2、第 4 和第 7 条横带到达了翅膀后缘，第 3 和第 5 条只到达翅中部。后翅后缘和中部均有一条黑带，外缘的黑带镶嵌有 5 个新月状的斑，靠前缘的 1 个为黄色斑，余下 4 个为蓝色斑。臀角有一个黑色蓝心的三角斑及黄色横斑。

◎ 幼体期：寄生植物为梅属、欧洲花楸、酸山楂、梨属等植物。幼虫在寄生植物的叶片表面栖息，低龄期幼虫一般在阳光照射得到的部位活动，一龄幼虫头部为黑褐色，有光泽，臭角为淡黄色。

◎ 分布：中国新疆、陇南、中亚细亚、欧洲、非洲北部等地。

黄色的翅膀

黑色的背部

后翅后缘的黑带

前翅的黑色横带

外缘的黑带

臀角的黄色横斑

蓝色的斑点

臀角黑色蓝心的三角斑

细长的尾突

活动时间：白天 | **采食：花蜜、植物汁液等。**

别名：深山乌鸦凤蝶　　科属：凤蝶科凤蝶属
翅展：9 ~ 12.5 厘米

绿带翠凤蝶

绿带翠凤蝶体、翅均为黑色，前翅外缘的带状纹是由金绿色鳞片密集形成，后翅中部金蓝色的鳞片密集成而带状纹，前后翅的带状纹相连。雄蝶后翅基半部的上半部满布翠蓝色的鳞片，从上角到臀角有一条翠蓝和翠绿色的横带，外缘有 6 个翠蓝色的弯月形斑纹，臀角有一个镶有蓝边的环形或半环形斑纹。外缘呈波状，尾突有蓝色带。雌蝶前翅为浅黑色，亚外缘区有灰白色的横带。后翅外缘有 6 条红斑，略呈新月形，臀角有一个圆形的红斑。

◐ **幼体期**：幼虫寄主芸香科的黄檗、柑橘类等。低龄幼虫呈鸟粪状，5 龄幼虫头部为淡绿色，前胸背板绿色，中央有一条白色的纵带。

◐ **分布**：中国、韩国、日本、朝鲜、俄罗斯等地。

雌蝶

身体为黑色

后翅外缘略呈新月形的红斑

雄蝶

外缘带状纹布满金绿色的鳞片

前翅的黑色脉纹

后翅中部金蓝色的鳞片

外缘翠蓝色的弯月形斑纹

镶有蓝边的半环形斑纹

活动时间：白天 ｜ **采食：花粉、花蜜、植物汁液等。**

日本虎凤蝶

　　日本虎凤蝶是世界上比较珍稀的蝶类之一，喜欢在阳光充足的地方活动，飞行能力不强，经常寻访杨树、柳树、樱花树、梅树、桃花等植物。其身体为黑色，触角末端呈棒状。翅膀基色为黄色，翅脉黑色，翅面黑色和黄色相间而成的纵斑纹像虎皮一样，前翅和后翅都近似三角形，外缘的黑带较宽。后翅外缘呈波状，外缘黑带上镶着弯月形黄斑，黑带中间嵌有蓝色的斑点，最里面有一列红斑，呈弯月状，尾端有一对尾突，较短。雌雄蝶同型，雌蝶比雄蝶颜色稍暗。

◎ 幼体期：幼虫很像鸟粪，幼期后期的幼虫身体丰满，遍体绿色，有一对鲜明的黄黑两色眼纹。

◎ 分布：日本南半部。

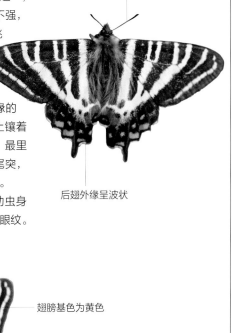

触角末端呈棒状

后翅外缘呈波状

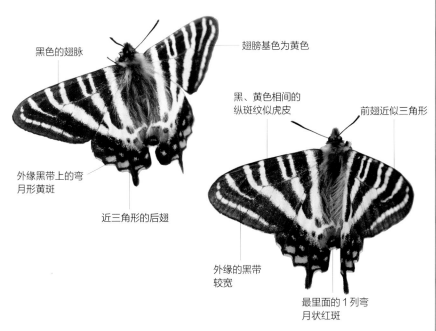

黑色的翅脉

翅膀基色为黄色

黑、黄色相间的纵斑纹似虎皮

前翅近似三角形

外缘黑带上的弯月形黄斑

近三角形的后翅

外缘的黑带较宽

最里面的 1 列弯月状红斑

活动时间：白天　采食：花蜜、腐烂果实、植物汁液等。

别名：多型凤蝶、多型蓝凤蝶、多型美凤蝶　科属：凤蝶科凤蝶属
翅展：10.5 ~ 14.5 厘米

美凤蝶

　　美凤蝶是一种雌雄异形、雌性多型的蝴蝶。
雄蝶身体黑色，翅正面呈天鹅绒状，基部有时
会出现一个大红斑。雌蝶无尾突型前翅基部为
黑色，中室基部红色，前缘和脉纹均为黑褐色
或黑色，脉纹两侧为灰褐色或灰黄色。后翅基
半部黑色，白色端半部被脉纹分成长三角形斑，
亚外缘区为黑色，外缘呈波状，臀
角处有长圆形黑斑。有尾突型前
翅和无尾突型相似，后翅中区各翅
室均有一枚白斑。外缘呈波状，波谷有红
色或黄白色斑点。臀角的长圆黑斑周围为红色，
尾突末端膨大如锤状。

◎ **幼体期**：幼虫寄主芸香科的柑橘类、双面刺、
食茱萸等植物。幼虫头部初呈黑褐色，而后颜
色渐淡。

◎ **分布**：中国长江以南各省，日本、印度等地。

雌蝶（有尾突型）

脉纹两侧
为灰褐色
或灰黄色

臀角的长圆黑斑

尾突末端膨大
如锤状

雌蝶（无尾突型）

中室基部为红色

脉纹为黑褐
色或黑色

后翅基半部
黑色

亚外缘区
的黑斑

外缘呈波状

活动时间：白天　采食：花蜜等。

別名：琉璃翠凤蝶、大琉璃纹凤蝶　　科属：凤蝶科凤蝶属
翅展：9.5 ~ 12.5 厘米

巴黎翠凤蝶

　　巴黎翠凤蝶属中型凤蝶，躯体黑褐色，翅背面底色为褐色或黑褐色，密布有翠绿色的鳞片，脉纹为黑色，前翅亚外缘有一列黄绿色或翠绿色的横带。后翅内侧有一片黄褐色的鳞，中域靠近亚外缘有一块较大的翠蓝色或翠绿色斑，斑后有一条淡黄、黄绿或翠蓝色窄纹通到臀斑内侧，亚外缘有不太明显的淡黄或绿色斑纹，臀角有一个红色的环形斑。尾突呈叶状，比较明显。

◎ 幼体期：幼虫以寄主植物飞龙掌血、柑橘类等植物的叶片和嫩芽为食物。一至四龄幼虫像鸟粪，一龄幼虫头部淡褐色，胸部背侧有明显的黑褐色斑。老熟幼虫头部淡绿色，体色鲜绿。

◎ 分布：中国、印度、缅甸、泰国、老挝、越南、马来西亚、印度尼西亚等地。

翅膀底色为褐色或黑褐色

后翅内侧黄褐色的鳞

脉纹为黑色

亚外缘黄绿色或翠绿色的横带

淡黄、黄绿或翠蓝色的窄纹

黑褐色的躯体

翠蓝色或翠绿色大斑

臀角的红色环形斑

尾突呈叶状

活动时间：白天 ｜ 采食：花粉、花蜜、植物汁液等。

别名：无　科属：凤蝶科燕凤蝶属
翅展：4.4 ～ 4.7 厘米

绿带燕凤蝶

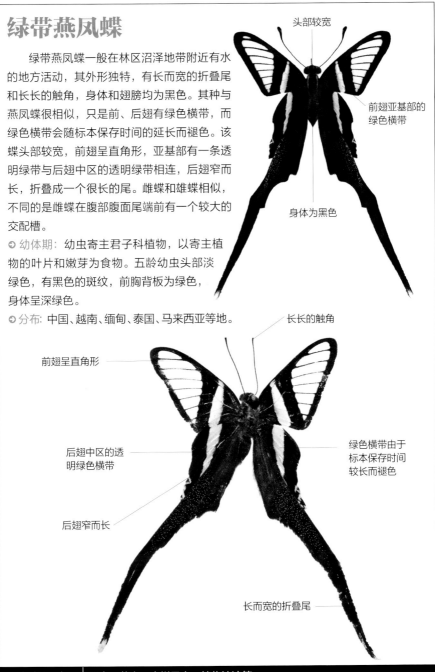

　　绿带燕凤蝶一般在林区沼泽地带附近有水的地方活动，其外形独特，有长而宽的折叠尾和长长的触角，身体和翅膀均为黑色。其种与燕凤蝶很相似，只是前、后翅有绿色横带，而绿色横带会随本标本保存时间的延长而褪色。该蝶头部较宽，前翅呈直角形，亚基部有一条透明绿带与后翅中区的透明绿带相连，后翅窄而长，折叠成一个很长的尾。雌蝶和雄蝶相似，不同的是雌蝶在腹部腹面尾端前有一个较大的交配槽。

◎ **幼体期：**幼虫寄主君子科植物，以寄主植物的叶片和嫩芽为食物。五龄幼虫头部淡绿色，有黑色的斑纹，前胸背板为绿色，身体呈深绿色。

◎ **分布：**中国、越南、缅甸、泰国、马来西亚等地。

头部较宽

前翅亚基部的绿色横带

身体为黑色

长长的触角

前翅呈直角形

后翅中区的透明绿色横带

绿色横带由于标本保存时间较长而褪色

后翅窄而长

长而宽的折叠尾

活动时间：白天 ｜ **采食：**花蜜、腐烂果实、植物汁液等。

玉带凤蝶

　　玉带凤蝶雌雄异形，头部较大，身体和翅膀均为黑色，雄蝶前翅各室外缘有 7 ～ 9 个黄白色的小斑点，状如缺刻。后翅外缘呈波浪形，有尾突。中部的 7 个黄白色斑斜列成玉带状，横贯全翅。雌蝶有两种类型：黄斑型后翅近外缘处有数个半月形的深红色的小斑点，或在臀角有一个深红色的眼状纹；赤斑型后翅外缘内侧有 6 个横列的深红黄色的半月形斑，中部有 4 个较大的黄白色的斑点。

◐ **幼体期**：幼虫习性与柑橘凤蝶相似，以桔梗、柑橘类等芸香科植物的叶为食物。幼虫头部为黄褐色，身体为绿色至深绿色。一至三龄幼虫身上有肉质的突起和淡色的斑纹，似鸟粪，四龄幼虫呈油绿色。

◐ **分布**：中国、印度、日本，马来西亚半岛等地。

雌蝶

头部较大

中部有 4 个较大的黄白斑

外缘内侧有 6 个深红黄色的半月形斑

雄蝶

黑色的前翅

前翅各室外缘有 7 ～ 9 个黄白色小斑点

波浪形的后翅外缘

中部的 7 个黄白色斑斜列成玉带状

活动时间：白天 | **采食：花粉、花蜜、植物汁液等。**

别名：白凤蝶、软凤蝶、马兜铃凤蝶、软尾亚凤蝶　科属：凤蝶科丝带凤蝶属
翅展：4.2 ~ 7 厘米

丝带凤蝶

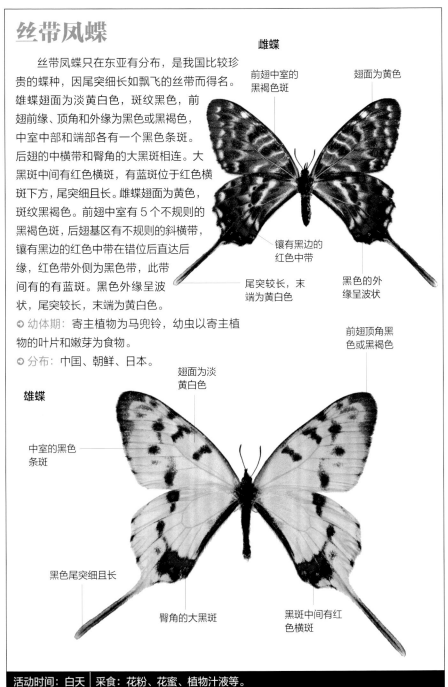

雌蝶

丝带凤蝶只在东亚有分布，是我国比较珍贵的蝶种，因尾突细长如飘飞的丝带而得名。雄蝶翅面为淡黄白色，斑纹黑色，前翅前缘、顶角和外缘为黑色或黑褐色，中室中部和端部各有一个黑色条斑。后翅的中横带和臀角的大黑斑相连。大黑斑中间有红色横斑，有蓝斑位于红色横斑下方，尾突细且长。雌蝶翅面为黄色，斑纹黑褐色。前翅中室有 5 个不规则的黑褐色斑，后翅基区有不规则的斜横带，镶有黑边的红色中带在错位后直达后缘，红色带外侧为黑色带，此带间有的有蓝斑。黑色外缘呈波状，尾突较长，末端为黄白色。

◎ **幼体期**：寄主植物为马兜铃，幼虫以寄主植物的叶片和嫩芽为食物。

◎ **分布**：中国、朝鲜、日本。

前翅中室的黑褐色斑

翅面为黄色

镶有黑边的红色中带

尾突较长，末端为黄白色

黑色的外缘呈波状

前翅顶角黑色或黑褐色

雄蝶

翅面为淡黄白色

中室的黑色条斑

黑色尾突细且长

臀角的大黑斑

黑斑中间有红色横斑

活动时间：白天 | 采食：花粉、花蜜、植物汁液等。

別名：二尾凤蝶、二尾褐凤蝶、云南褐凤蝶　　科属：凤蝶科尾凤蝶属
翅展：6~7厘米

双尾褐凤蝶

双尾褐凤蝶为中国特有蝶种。该种凤蝶自20世纪30年代在云南发现后，直到1981年在中国贡嘎山才再次被发现，是世界珍奇蝶种中最珍奇的蝴蝶之一。双尾褐凤蝶翅膀为黑色，有较宽的黄白色的斜带纹。后翅黄色斑纹比较散乱，翅膀外缘为波状，有两个尾状突起。靠外的尾突较长，末端稍膨大如锤状，臀角有1枚拇指状突起。

◎ 幼体期：幼虫寄主为马兜铃科马兜铃属的植物，以寄主植物的叶片为食物。

◎ 分布：中国四川、云南等地。

前翅的黄白色的斜带纹

后翅的波状外缘

臀角的拇指状突起

靠外的尾突较长，末端锤状

活动时间：白天 ┃ 采食：花蜜、腐烂的果实、植物汁液等。

别名：无　　科属：粉蝶科菲粉蝶属　　翅展：7~8厘米

南美大黄蝶

南美大黄蝶常在公园和花园中出现，雄蝶前翅有一条宽大的橙色条，它的英文俗名因此而得。雌蝶的前、后翅为黄色或白色，还具有褐色或黑色的斑点。腹面的橙红和紫色调会由于变异而不相同。

◎ 幼体期：幼虫身体为黄绿色，身体两侧有横向的皱纹和黑褐色的条带，以山扁豆属植物的叶子为食物。

◎ 分布：巴西南部至中美洲，美国南佛罗里，向北至纽约等地。

前翅的"V"形斑

翅膀为黄色

后翅边缘有暗色的晕渲

活动时间：白天 ┃ 采食：花粉、花蜜和植物汁液等。

别名：无　科属：粉蝶科圆粉蝶属
翅展：6 ~ 6.4 厘米

黑脉粉蝶

　　黑脉粉蝶喜好访花、吸蜜或在湿地上吸水。头、胸部均为黑色，生有白毛，腹部为黑色。前翅乳白色，前缘有黑边，后翅也为乳白色，翅脉在端部成为黑斑。雌蝶色斑浓厚，前翅翅脉和端部斑均为黑色，后翅为黄色，翅脉较粗黑且发达，翅缘为灰褐色。雄蝶翅膀表面的底色为白色，有黑色而细致的脉纹，翅腹面为米白色，有淡褐色的条纹。

◎ 幼体期：幼虫呈灰色，身体多毛，背部为黑色，覆盖有红褐色的宽条。幼虫以山楂、黑刺李和小刺山柑的叶片为食物。

◎ 分布：中国黑龙江、吉林、河南、福建、云南、印度锡金、日本等地。

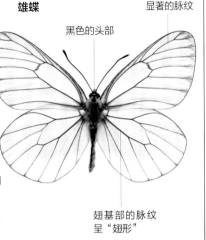

雄蝶

黑色的头部

显著的脉纹

翅基部的脉纹呈"翅形"

活动时间：白天 ｜ 采食：花粉、花蜜等。

别名：无　科属：粉蝶科园粉蝶属　翅展：6 ~ 7 厘米

黑脉园粉蝶

　　黑脉园粉蝶每年可发生多个世代，其成虫喜爱访花，飞行较迅速，经常在林缘开阔地活动。雄雌蝶色彩异形，雄蝶翅膀正面为白色或乳白色，脉纹为黑褐色，外缘脉段的三角形黑斑相连成带，且各斑沿翅脉向内延伸；后翅的黑色脉纹没有前翅明显，亚缘黑带模糊甚至消失。雌蝶黑色翅脉和斑纹比雄蝶要多很多，后翅亚缘带明显完整。湿季型蝶种身体大于旱季型，呈黄白色。

◎ 幼体期：幼虫多毛，以广州山柑 、广州槌果藤等植物的叶片为食物 。

◎ 分布：中国、印度北部、缅甸、越南、老挝、泰国、马来西亚等地。

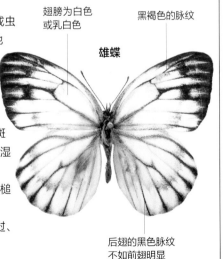

翅膀为白色或乳白色

黑褐色的脉纹

雄蝶

后翅的黑色脉纹不如前翅明显

活动时间：白天 ｜ 采食：花粉、花蜜等。

别名：无　　科属：粉蝶科鹤顶粉蝶属
翅展：7 ~ 9 厘米

端红蝶

端红蝶是亚洲最大的粉蝶，生活在平地至低海拔山区，成虫在 3 ~ 11 月出现，一般会在溪流、花丛间活动和觅食，飞行速度很快，为常见的蝶类。端红蝶的雄蝶会停留在溪边湿地上吸水，当它夹紧翅膀时，从外面只能见到下翅腹面的枯叶状的花纹，这对它来说是一种良好的保护色。端红蝶前翅表面约有一半的面积为橙红色。雌、雄蝶的腹面相似，背面差别较大。雄蝶翅膀表面底色几近白色，雌蝶比雄蝶颜色更深，翅膀表面底色略带点黄绿色，而且后翅有大范围的黑色斑纹图案。

◎ 幼体期：端红蝶幼虫为绿色，两侧有浅色的条纹，它们以鱼木和山杆仔植物为食物。

◎ 分布：由印度至马来西亚、中国和日本等地。

雄蝶

前翅有近一半的面积为橙红色

后翅表面底色几近白色

大型翅膀表明其飞行能力强

雌蝶

前翅尖形的翅端

红晕没有雄蝶明显

翅膀表面底色略带点黄绿色

后翅大范围的黑色斑纹

活动时间：白天｜采食：花蜜、植物汁液等。

别名：无　科属：粉蝶科鹤顶粉蝶属
翅展：8～9厘米

鹤顶粉蝶

　　鹤顶粉蝶是我国粉蝶中体型最大的一种，也是粉蝶中飞行最快的蝶种，其前翅端的红斑特别显眼。雄蝶翅膀为白色，前翅前缘及外缘处至外缘近后角处有黑色锯齿状斜纹，围住顶部三角形状的赤橙色斑，斑被黑色脉纹分割，室内有一列黑色的箭头纹。后翅外缘脉端有黑箭头纹。雌蝶翅膀为黄白色，且散布有黑色的磷粉，后翅外缘和亚缘各有一列黑色的箭头纹。

◎ 幼体期：幼虫的原生寄主是广州榄果藤和鱼木。一龄幼虫体表有长刚毛，体色为黄绿色。三龄幼虫身体开始无毛，体色变得更绿。四龄幼虫会在胸部两侧出现红色和蓝色的眼状突起。

◎ 分布：中国、印度、缅甸、斯里兰卡、越南、菲律宾等地。

雌蝶　翅膀为黄白色

后翅外缘有 1 列黑色的箭头纹

黑色锯齿状的斜纹

雄蝶

顶部的三角形赤橙色斑

1 列黑色的箭头纹

后翅外缘脉端的黑箭头纹

翅膀呈白色

活动时间：白天 ｜ 采食：花粉、花蜜、植物汁液等。

别名：无　科属：粉蝶科
翅展：约 5.5 厘米

镉黄迁粉蝶

　　镉黄迁粉蝶每年发生 5 ~ 8 代，最早在 4 月可见到，最晚可到 9 ~ 11 月，是最主要的害虫之一。镉黄迁粉蝶飞行速度较慢，翅膀上下摆动，反应敏捷。其体型较小巧，背部呈黑色，前翅正面为白色，前缘顶角与外缘有黑色的带，后翅正面为鲜黄色，翅脉端部有黑色的斑纹，雌蝶最为明显。镉黄迁粉蝶翅膀反面呈暗黄色，有黄褐色的斑纹。

⊙ 幼体期：幼虫身体为绿色，其主要的寄主植物为黄槐，幼虫以它们的叶片为食物，是农业害虫。此外，幼虫还危害十字花科、豆科、蔷薇科植物等。幼虫破茧后，会马上啃食植株的叶片，很快就能将寄主植物的叶片吃光。

⊙ 分布：东南亚和澳大利亚的部分地区。

黑色的背部

前缘顶角有黑色的带

前翅正面为白色

前缘呈黑色

前翅外缘的黑色带

翅脉端部有黑色斑纹

后翅正面为鲜黄色

活动时间：白天 ｜ 采食：花粉、花蜜和植物汁液等。

别名：无　　科属：粉蝶科尖粉蝶属
翅展：7 ~ 7.5 厘米

红尖粉翅蝶

雌蝶

　　红尖粉翅蝶是一种很吸引人的蝴蝶，也许是世界上唯一全部是橙红色的蝴蝶。经常可以看到雄蝶在河岸潮湿的沙地上吸水，在各种树的花中嬉戏、吸花蜜。其躯体颜色较深，触角细长。雌蝶比较隐避，一般会在树冠里面栖息，雄蝶翅膀为橙红色，前翅尖锐，上面有黑色而清晰的脉纹，后翅内缘有黄色的晕渲，雌蝶的外观和雄蝶相似，不过雌蝶翅膀的周围有黑边，后翅上有一条黑色的带。

橙红色的翅膀

触角细长

黑色而清晰的脉纹

○ **幼体期**：幼虫以白花菜科植物为食物。

○ **分布**：北印度至缅甸、马来西亚、菲律宾和印尼的苏拉威西等地。

活动时间：白天 | **采食：花粉、花蜜、植物汁液等。**

别名：锯粉蝶、红基锯缘粉蝶　　科属：粉蝶科锯粉蝶属　　翅展：4.5 ~ 5.8 厘米

红肩锯粉蝶

　　红肩锯粉蝶成虫翅面呈黄色，前翅外缘有较宽的黑边，中间分布有黄斑，中室端部有一个黑斑。后翅外缘有黑色斑，多连接成列，翅膀反面为银白色，分布有浅褐色的圆圈。雄蝶翅膀为鲜黄色或橙黄色，前翅外缘的 1/3 的部分呈黑色，黑色区域中有若干大小不等致的黄色斑点。雌蝶有黄、白色两种色型。

翅膀为鲜黄色或橙黄色

○ **幼体期**：初龄幼虫啃食寄主叶背，以寄主植物的嫩叶或叶背的叶肉为食物。幼虫有群聚性，进食或休息时均集体行动。

○ **分布**：中国、缅甸、泰国、马来西亚、印尼、越南，印度锡金等地。

后翅外缘有黑色斑

黑色区域中的黄色斑点

活动时间：白天 | **采食：花粉、花蜜和植物汁液等。**

别名：无　科属：粉蝶科尖粉蝶属
翅展：5～6厘米

灵奇尖粉蝶

灵奇尖粉蝶属小型至中型的蝶种，喜欢访花，飞行速度极快。其翅膀经常以白色、黄色为基调，分布有黑色、红色以及黄色等颜色的斑纹，前翅呈三角形，后翅则呈卵圆形。大部分种类的翅膀表面好像覆盖着粉末。雄蝶的前翅以白色为主，顶部较尖锐，翅膀边缘有黑斑，后翅的翅底以黄色为主。雌蝶前翅尖较圆，翅膀以白色为主，有淡黑色的斑。

⊙ 幼体期：幼虫寄主植物多为十字花科、豆科、蔷薇科等科的植物。

⊙ 分布：中国海南。

前翅翅面以白色为主

前翅呈三角形

后翅则呈卵圆形

翅面以黄色为主

活动时间：白天　｜　采食：花粉、花蜜、植物汁液等。

别名：无　科属：粉蝶科云粉蝶属　翅展：4～5厘米

绿斑粉蝶

绿斑粉蝶从深冬至初秋时节都可以见其飞翔，雌蝶比雄蝶的体型要大些，并且有范围更大的暗斑，后翅边缘的白斑比较独特。其前翅上具有明显的黑斑，特别是中央的大方形斑是绿斑粉蝶和它的近缘欧洲种区别的标志。它的腹面斑纹为浅橄榄绿色，这有助于它们在休息时进行伪装。

⊙ 幼体期：幼虫呈蓝灰色，沿着背部和两侧有凸起的黑斑点和黄色条带。幼虫以木樨草芸苔和近缘植物的叶子为食物。

⊙ 分布：中欧和南欧，越过亚洲温带地区至日本等地。

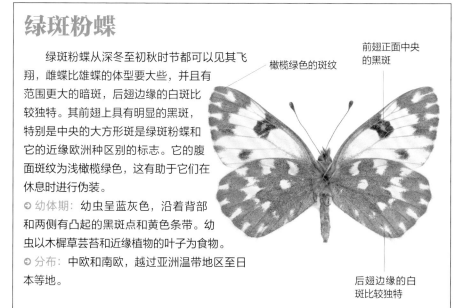

橄榄绿色的斑纹

前翅正面中央的黑斑

后翅边缘的白斑比较独特

活动时间：白天　｜　采食：花粉、花蜜和植物汁液等。

别名：谢马来赛查　科属：粉蝶科豆粉蝶属
翅展：约4.5厘米

斑缘豆粉蝶

斑缘豆粉蝶属中型黄蝶，触角为紫红色，顶端呈锤状。其翅面基半部为黄色，翅缘为毛桃红色，前翅外缘有较宽的黑边，中间缀有6个黄色的斑点，中室端部有一个圆形黑斑。后翅基半部呈黑褐色，外缘的1/3为黑色，缀有6个黄色的圆斑点。前、后翅的反面均为橙黄色，后翅的圆斑为银色，周围褐色。雌虫有两种类型，一种与雄虫同色，另一种类型的底色为白色。斑缘豆粉蝶全虫可入药，是一种藏族医药。

○ **幼体期**：幼虫身体为绿色，黑色短毛较多，气门线为黄白色。幼虫以三叶豆属、苜蓿属和大豆属等植物的叶片为食物。幼虫老熟后在枝茎、叶柄等处化为蛹。

○ **分布**：中国、印度、日本，欧洲东部等地。

紫红色的触角，顶端呈锤状

后翅中央有一火黄色圆斑

翅外缀有6个黄色的圆点

中室端部有1个圆形黑斑

前翅基半部为黄色

毛桃红色的翅缘

外缘的1/3为黑色

后翅基半部呈黑褐色

活动时间：白天　**采食**：花粉、花蜜和植物汁液等。

別名：菜白蝶　　科属：粉蝶科粉蝶属
翅展：4.5 ~ 5.5 厘米

菜粉蝶

　　菜粉蝶的成虫喜欢在白天的阳光下飞舞，在花间吸蜜。虫体为黑色，胸部密布白色和灰黑色的长毛，翅膀为白色。雌蝶前翅的前缘和基部多为黑色，顶角有一个大三角形的黑斑，中室外侧有两个前后并列的黑色圆斑。后翅的基部为灰黑色，前缘有一个黑色斑点。菜粉蝶随着生活环境的不同，其色泽深浅相同，斑纹大小也不一样。

◎ **幼体期**：幼虫主要寄主为十字花科、菊科、旋花科等 9 科植物，食性较杂。初孵的幼虫先将卵壳吃掉，再食用寄主植物的叶片。幼虫初孵化时灰黄色，后变为青绿色，身体为圆筒形，中段较肥大，背部有一条断续的黄色纵线。

◎ **分布**：世界各地均有分布。

两个前后并列的黑色圆斑

顶角的大三角形黑斑

身体呈黑色

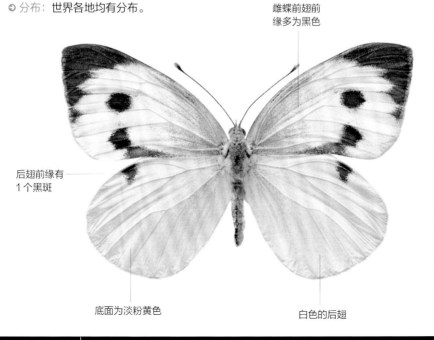

雌蝶前翅前缘多为黑色

后翅前缘有 1 个黑斑

底面为淡粉黄色

白色的后翅

活动时间：白天 | **采食：花粉、花蜜等。**

红襟粉蝶

雄蝶

前翅顶角为黑色

前翅端部为
橙红色

　　红襟粉蝶雄蝶春季时会在灌木篱墙、湿润
草地上寻找雌蝶。后翅呈斑绿色，由黑色和黄
色的鳞片组成，有助于它们进行伪装。
雄蝶可以将前翅上的橙色收藏在后翅
下面来隐藏。红襟粉蝶的前翅顶角和
脉端均为黑色，中室端有一个肾状的
黑斑点。雄蝶前翅端部为橙红色，雌蝶
则全部为白色，后翅反面有淡绿色的云状
斑。其种和橙翅襟粉蝶非常近似，区别之
处在于橙翅襟粉蝶的前翅端部较圆，没有
形成顶角，全翅面呈橙红色，黑带较宽，
中室端斑更加明显。

黑色的背部

◎ **幼体期**：幼虫的寄主植物为草甸碎米荠、蒜
芥及其他野生十字花科植物。幼虫身体为绿色
和白色。

◎ **分布**：中国、日本、朝鲜，欧洲等地。

中室端肾状
的黑斑点

前翅为白色

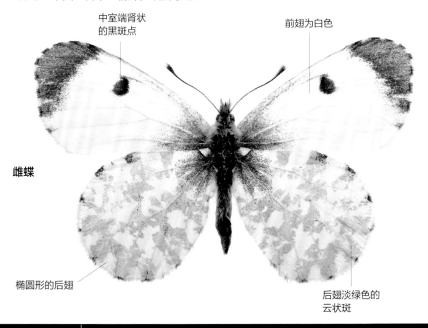

雌蝶

椭圆形的后翅

后翅淡绿色的
云状斑

活动时间：白天　|　采食：花粉、花蜜和植物汁液等。

别名：无　科属：绢蝶科绢蝶属
翅展：7.9 ~ 9.2 厘米

阿波罗绢蝶

阿波罗绢蝶属中型蝶种，秀丽而娇美，深受人们的喜爱。其翅膀为白色或淡黄白色，半透明状，前翅较圆，中室中部和端部各有一个大黑斑，另有两枚黑斑位于中室外部，外缘部分呈黑褐色，后缘中部的一枚黑斑明显。后翅基部和内缘基半部呈黑色，前缘和翅中部均有一枚红色斑，围有黑边，红斑有时为白心。雌蝶颜色较深，前翅外缘的半透明带和亚缘的黑带比雄蝶的要宽些，后翅的红斑比雄蝶的要大和鲜艳。

◐ 幼体期：幼虫以景天属植物为寄主植物，身体粗壮，体侧长有黄色或红色的条纹，表面生有较多的刺。一龄幼虫头部呈黑褐色，生有黑色的毛，前胸和背板黑色而有光泽。

◐ 分布：中国新疆，土耳其、蒙古、欧洲等地。

中室中部和端部各有 1 个大黑斑

臀角的黑斑

后缘中部的黑斑较明显

前翅较圆

前缘和翅中部均有 1 枚红色斑

黑色的内缘基半部

翅膀为白色或淡黄白色

外缘呈黑褐色

位于中室外部的两枚黑斑

翅膀呈半透明状

红斑围有黑边，有时为白心

活动时间：白天 ｜ 采食：花粉、花蜜等。

别名：无　科属：粉蝶科钩粉蝶属
翅展：5～7厘米

山黄蝶

　　山黄蝶是粉蝶属比较引人注目的蝶种，其在深冬至第二年秋季可见其飞翔，尤其是在地中海沿岸地带。山黄蝶在加那利群岛上有1个亚种，叫作加那利山黄蝶。雄蝶的前翅呈黄色，中央部分为深橙色，比较明显，后翅外缘中部有小尾突，比较独特。雌蝶比雄蝶大些，翅面的颜色较淡，只具有一抹色彩。其种和其他种粉蝶不同处在于，山黄蝶的前翅反面分布有橙色的条纹。

○ 幼体期：幼虫身体呈蓝绿色，两侧缀有白色的条纹，以寄主植物鼠李的叶片为食物。

○ 分布：西班牙、意大利，法国南部至希腊，北非，加那利群岛。

前翅反面中央部分为深橙色

雄蝶前翅为黄色

腹面

后翅外缘中部的小尾突

活动时间：白天 | 采食：花粉、花蜜和植物汁液等。

■ 别名：无　科属：粉蝶科豆粉蝶属　翅展：4.3～5.8厘米

橙黄豆粉蝶

　　橙黄豆粉蝶是我国特有的物种，对大豆等农作物危害较大。每年生4～6代，以幼虫越冬，成虫在6～8月时大量出现。橙黄豆粉蝶雌雄两性异形，和斑缘豆粉蝶近似。其翅膀为橙黄色，前翅和后翅外缘的黑色带较宽。雌蝶的黑色带中有橙黄色的斑点，雄蝶则没有。而且缘边整齐，前、后翅中室端的黑斑点和橙黄色的点都较大，这又和斑缘豆粉蝶不同。

○ 幼体期：幼虫寄主植物为白花车轴草、苜蓿、大豆、百脉根等豆科植物。幼虫身体呈绿色，密生有黑色的短毛。

○ 分布：中国中部和西部甘肃、青海等地。

橙黄色的翅膀

前翅中室端的黑色斑点

雄蝶

外缘黑色带较宽

后翅有橙黄色的斑点

活动时间：白天 | 采食：花蜜、植物汁液等。

別名：无　科属：粉蝶科绢粉蝶属
翅展：6.3 ~ 7.3 厘米

绢粉蝶

　　绢粉蝶成虫发生期为 5 ~ 8 月，每年有一代。绢粉蝶飞行速度缓慢，经常会有大量的绢粉蝶聚集在溪流边潮湿的地表吸水。绢粉蝶黑色的身体密布绒毛，翅膀的正面和反面均为白色，呈半透明状，脉纹为黑色，翅面上基本没有斑点，前翅略呈三角形。后翅的反面没有黄色，中域常散布着一层淡灰色的鳞毛。

◎ 幼体期：幼虫寄主植物为蔷薇科的山杏树、梨树、苹果树、桃树等。绢粉蝶以幼虫越冬，一般集结成群，共同筑巢过冬，等来年早春植株发芽时便会出来觅食。

◎ 分布：中国青海、湖南、东北、河北、宁夏、北京、陕西等地。

白色的翅膀半透明状

前翅略呈三角形

黑色身体密布绒毛

黑色的脉纹

活动时间：白天 ｜ 采食：花蜜、植物汁液等。

別名：双珠大绢蝶、康定绢蝶　科属：绢蝶科绢蝶属　翅展：6 ~ 7 厘米

君主绢蝶

　　君主绢蝶属中国特有的蝶种，经常在 7 ~ 8 月份出现，一般生活在山地草甸上。其身体呈黑色，翅膀为白色泛绿或淡黄白色，雌蝶翅色较深，翅脉呈黄褐色，基部布满黑色鳞片，前翅中室中部和横脉处各有一个黑色横斑，黑褐色的外缘带较宽。后翅前缘基部、中部和翅中央分别缀有一个红色的大斑，白心黑边，近臀角处有两枚蓝心的圆形黑斑。雌蝶交配后腹下产生褐色臀带。

◎ 幼体期：幼虫寄主植物为黄堇、天蓝韭、红花岩黄芪、延胡索等。

◎ 分布：中国西藏、青海、四川、云南、甘肃等地。

翅膀为白色泛绿或淡黄白色

前翅中室中部的黑色横斑

雌蝶

近臀角处有两枚圆形黑斑

身体呈黑色

后翅中央白心黑边的大红斑

活动时间：白天 ｜ 采食：花粉、花蜜和植物汁液等。

第三章
灰蝶总科

灰蝶总科包括灰蝶科、蚬蝶科和喙蝶科，
该总科蝴蝶一般体型较小，共同特点是雄蝶前足退
化，雌蝶前足正常。该总科约有蝴蝶5000多种，
其中灰蝶科的蝶翅具有翠绿、灰蓝、古铜、橙红等
色，翅反面的花纹和色彩不同于正面。
但蚬蝶科的翅膀正面一般和反面相同，
休息时翅膀半展开，像蚬壳一样。
喙蝶科后翅有肩脉，
前翅的顶角向外缘突出，呈钩状。

别名：无　科属：小灰蝶科婀灰蝶属
翅展：2～3厘米

琉璃小灰蝶

翅膀表面为
淡水青色

前翅外缘呈黑色

琉璃小灰蝶展开外观接近台湾琉璃小灰蝶，翅膀表面为淡水青色。前后翅正面斑纹差异显著，雄蝶前后翅黑色外缘较窄，雌蝶黑色外缘很宽。翅膀腹面斑点比较细小，上翅亚外缘斑点排列为弧形。数量较多，喜欢访花，常见于春、夏季的溪水、湿地。

◎ 幼体期：多寄生在苹果、李、鼠李、刺槐、醋栗、山楂、紫藤等植物上。雄蝶经常在湿地吸水。老熟幼虫身体为黄绿至淡灰绿色，表面散生稀疏的灰白色毛刺。

◎ 分布：中国，亚洲、欧洲和北非。

背部生有绒毛

活动时间：白天 | 采食：花粉、花蜜、植物汁液等。

别名：曲纹灰蝶、曲斑灰蝶、波纹小灰蝶　科属：灰蝶科亮灰蝶属　翅展：2.2～3.6厘米

亮灰蝶

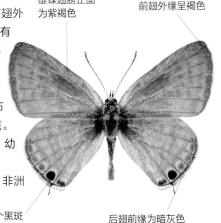

雄蝶翅膀正面
为紫褐色

前翅外缘呈褐色

亮灰蝶飞行能力较强，一般在阳光充足和开阔的地方出现。雄蝶翅面为紫褐色，前翅外缘呈褐色，后翅前缘和顶角处为暗灰色，有两个黑斑位于臀角处。雌蝶前翅基后半部和后翅基部为青蓝色，其余则为暗红色，后翅臀角处的两个黑斑比较清晰，外缘有淡褐色斑。翅膀反面为灰白色，中部分布有两条波纹，后翅臀角处有两个黑色的斑点。

◎ 幼体期：幼虫体色为棕色，头部较小。幼虫一般以豆科植物的果荚和花序为食物。

◎ 分布：中国、澳大利亚，欧洲中南部、非洲北部、亚洲南部等地。

臀角处有两个黑斑

后翅前缘为暗灰色

活动时间：白天 | 采食：花蜜、腐烂果实、植物汁液等。

■ 别名：苏铁绮灰蝶、苏铁小灰蝶　　科属：灰蝶科紫灰蝶属
翅展：2.2~2.9厘米

曲纹紫灰蝶

　　曲纹紫灰蝶属小型蝶种，触角呈棒状。雄蝶翅膀正面为蓝灰白色，外缘呈灰黑色；雌蝶翅膀正面为灰黑色，前翅外缘为黑色，亚外缘有两条明显的黑白色的带，后翅外缘有细的黑白色的边。内侧带有白边，呈新月状的斑纹。翅基缀有3块黑斑，尾部突起细长，端部为白色。翅反面呈灰白至深灰色。

○ 幼体期：幼虫身体为扁椭圆形，呈明黄色或偏棕色。寄主植物为苏铁属植物。初孵幼虫常啃食嫩羽叶，严重影响苏铁的生长与观赏价值；老熟幼虫身体长有短毛。

○ 分布：中国广东、台湾。

雄蝶翅膀正面
为蓝灰白色

前翅外缘为
灰黑色

触角呈棒状

后翅的黑斑

| 活动时间：白天 | 采食：花粉、花蜜和植物汁液等。 |

■ 别名：铜灰蝶、黑斑红小灰蝶　　科属：灰蝶科红灰蝶属　　翅展：约3.5厘米

红灰蝶

　　红灰蝶是可爱而又活泼的蝴蝶，其大小和其他灰蝶相似，均为小型蝶类。在每年3月里会见到大量的红灰蝶。红灰蝶的前翅为橙红色，无规则地分布着9个黑斑，中室中部和端部各有一个黑色的斑点，黑褐色的后翅有一条红色带区。红灰蝶与橙灰蝶的区别主要是红灰蝶雄蝶的后翅为均一的橙红色，而橙灰蝶雄蝶的后翅和雌蝶基本相同。

○ 幼体期：幼虫的寄主植物为何首乌、羊蹄草、酸模等蓼科植物，以寄主植物的叶片和嫩芽为食物。

○ 分布：中国、朝鲜、日本，美洲等地。

前翅分布着9
个黑斑

前翅为橙红色

黑褐色的后翅

后翅的红色带区

| 活动时间：白天 | 采食：花蜜、植物汁液等。 |

別名：大陆红小灰蝶　科属：灰蝶科
翅展：3.5 ~ 3.8 厘米

橙灰蝶

橙灰蝶喜好访花，雌雄两性异形。雄蝶前翅翅面为橙色，顶角向边缘有窄的黑带，后翅基部和臀缘的黑色区域较宽。雌蝶前翅翅面为橙色，中室内缀有两个黑斑，前翅亚缘有一列整齐的黑点，后翅为黑褐色。雌蝶反面前翅为浅黄色，前缘、外缘均为灰色，亚缘有两列整齐的黑斑，中室基部、中部、端部各有一个黑点；后翅呈灰褐色，基部蓝灰色，除亚外缘线为橙色外，还有整齐的 3 列黑斑点，内列顶角处两个黑点排列不齐，基半部缀有 5 个黑点。

◉ 幼体期：寄主为各种蓼科酸模属植物，一龄幼虫身体呈半透明状的白色，趴在寄主植物上，比较隐蔽。

◉ 分布：中国北京、河北、陕西、青海，欧洲等地。

雌蝶前翅翅面为橙色

中室内的两个黑斑

橙色的后翅亚外缘

后翅为黑褐色

亚缘有两列整齐的黑斑

雌蝶反面前翅为浅黄色

腹面

蓝灰色的基部

亚外缘线为橙色

顶角向边缘的黑带较窄

雄蝶前翅为橙色

后翅臀缘的黑色区域较宽

身体为黑色

黑色的后翅外缘

活动时间：白天 | **采食：花蜜、植物汁液等。**

别名：豆小灰蝶、银蓝灰蝶、豆灰蝶　科属：灰蝶科
翅展：2.5～3厘米

银缘琉璃小灰蝶

　　银缘琉璃小灰蝶雌雄异形。雄蝶背部为紫黑色，翅膀正面呈青蓝色，有青色的光泽，生有较长的白色缘毛，前缘还有较多白色鳞片。后翅有一列黑色圆点。雌蝶翅为棕褐色，前、后翅亚外缘有黑色斑，中间镶有橙色的新月斑。翅膀反面为灰白色，前、后翅均缀有3列黑斑，外列圆形斑和中列新月形斑相平行，中间夹有橙红色的条带，内列的圆形斑点排列错乱，后翅基部另有4个排成直线的黑点。

◐ 幼体期：寄主植物为大豆、豇豆、绿豆、紫云英等。幼虫咬食叶片下表皮和叶肉，严重时能把整个叶片吃光。幼虫有相互残杀的习性，共五龄，前三龄只以叶肉为食物。

◐ 分布：欧洲至亚洲温带地区到日本等地。

雄蝶背部为紫黑色

翅膀呈青蓝色

后翅外缘有黑色线条

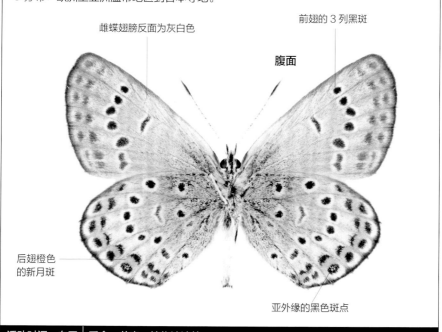

雌蝶翅膀反面为灰白色

前翅的3列黑斑

腹面

后翅橙色的新月斑

亚外缘的黑色斑点

活动时间：白天 ｜ 采食：花蜜、植物汁液等。

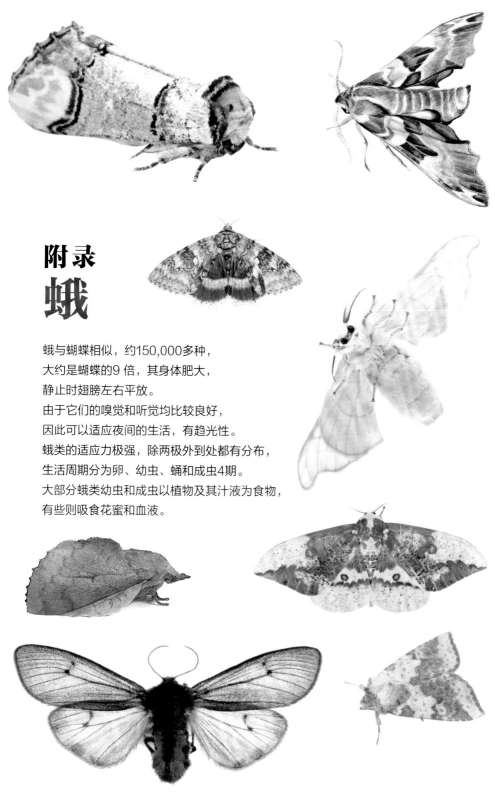

附录
蛾

蛾与蝴蝶相似，约150,000多种，
大约是蝴蝶的9 倍，其身体肥大，
静止时翅膀左右平放。
由于它们的嗅觉和听觉均比较良好，
因此可以适应夜间的生活，有趋光性。
蛾类的适应力极强，除两极外到处都有分布，
生活周期分为卵、幼虫、蛹和成虫4期。
大部分蛾类幼虫和成虫以植物及其汁液为食物，
有些则吸食花蜜和血液。

蝴蝶与蛾的区别

在日常生活中，我们经常会把蝴蝶与蛾弄混淆，它们都属于鳞翅目，但分属于不同的两类，并且还有着明显的区别，主要表现在以下几个方面：

第一，触角不同，蝴蝶拥有顶端膨大的棒状触角，蛾的触角顶端则呈丝状弯曲或整个触角呈羽毛状。

以棕色居多的蛾

棒状的触角，顶端膨大

第三，休息方式，蝴蝶多采取四翅合拢竖立在背上休息的方式，而蛾以典型的方式进行休息：四翅叠合覆盖在背上，呈屋脊状。

丝状的触角

羽毛状的触角

蝴蝶 4 翅合拢，竖立在背上

第二，蝴蝶和蛾的颜色不同，蝴蝶一般色泽艳丽，而蛾则大多为棕色或黑色。

色泽艳丽的蝴蝶

蛾的 4 翅叠合覆盖在背上，呈屋脊状

第四，蝴蝶和蛾躯干被毛不同，蝴蝶的躯干有稀疏的毛，而飞蛾的躯干的毛比较浓密。

蝴蝶的躯干的毛稀疏

蛾的躯干的毛浓密

第五，后翅的根部不相同，蝴蝶的后翅根部为弧形，没有翅缰。飞蛾的后翅根部则是平滑的，弧度较小。

蝴蝶后翅根部为弧形

蛾的后翅根部弧度较小

第六，蝴蝶和蛾的蛹不同，蝴蝶的蛹赤裸，没有茧，而飞蛾的蛹有茧。

蝴蝶的蛹没有茧

蛾的蛹外面有茧

第七，活动时间不同，除了部分产自南美的丝角蝶，所有蝴蝶的活动时间都在白天，而大部分飞蛾的活动时间则在夜晚。

白天活动的蝴蝶

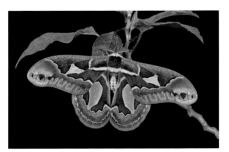

夜间活动的蛾

别名： 无　**科属：** 大蚕蛾科蓖麻蚕属
翅展： 11 ～ 13 厘米

樗蚕蛾

　　樗蚕蛾的身体为青褐色，前翅为褐色，顶角后缘为钝钩状，顶角圆而突出，粉紫色，有一道黑色的眼状斑。前翅和后翅中央各有一个较大的斑，新月形。新月形斑上缘为深褐色，下缘为土黄色，外侧有一条宽带纵贯全翅，宽带中间为粉红色，外侧白色，内侧为深褐色，宽带边缘有一条白色的曲纹。

◑ 幼体期：幼虫寄主植物为核桃、石榴、柑橘、银杏、槐、柳等，并以寄主植物的叶片和嫩芽为食物，能把叶片吃出缺刻或孔洞，严重时会把叶片吃光。幼龄幼虫为淡黄色，有黑色的斑点。中龄后全体覆盖白粉，呈青绿色。老熟幼虫身体粗大，有蓝绿色棘状的突起。

◑ 分布：中国东北、华北、华东、西南各地。

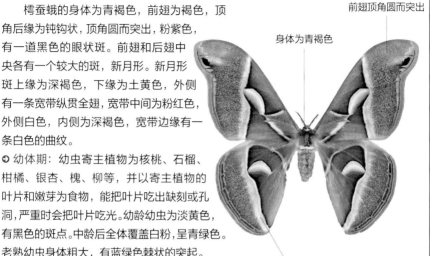

前翅顶角圆而突出

身体为青褐色

宽带中间为粉红色

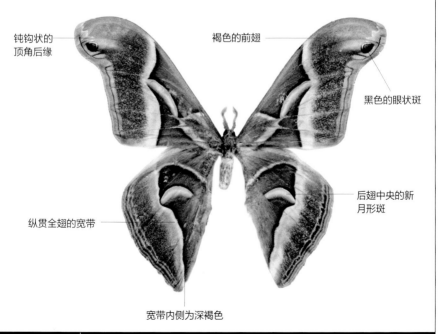

钝钩状的顶角后缘

褐色的前翅

黑色的眼状斑

纵贯全翅的宽带

后翅中央的新月形斑

宽带内侧为深褐色

活动时间：夜晚　｜　**采食：** 花蜜、腐烂的果实、植物汁液等。

别名： 皇蛾、阿特拉斯蛾、蛇头蛾、霸王蛾　　**科属：** 大蚕蛾科
翅展： 18 ～ 21 厘米

乌桕大蚕蛾

乌桕大蚕蛾是世界最大的蛾类，数量稀少，极为珍贵。雄蛾的触角呈羽状，雌蛾的翅膀较宽圆，腹部稍肥胖。其翅面为红褐色，前后翅的中央分别有一个透明区域，呈三角形，周围环绕有黑色的带纹。前翅顶角向外突伸，呈鲜艳的黄色，酷似蛇头；上缘有一个黑色圆斑，如蛇眼一般，前、后翅的内线和外线均为白色。后翅的内侧为棕黑色，外缘为黄褐色，且有呈波状的黑色细线，其内侧有黄褐色的斑点，中间有赤褐色的点。

◑ **幼体期：** 幼虫寄主植物有乌桕、樟、甘薯、狗尾草、苹果、冬青等，刚出生的幼虫身体呈绿色，以寄主植物的叶片为食物。幼虫的背部长有一列角刺，上面分布着白色蜡质。

◑ **分布：** 中国、泰国、马来群岛、印度、缅甸、印度尼西亚等地。

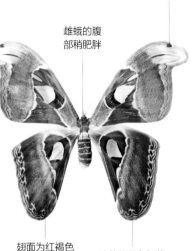

黑色圆斑如蛇眼一般

雌蛾的腹部稍肥胖

翅面为红褐色

波状的黑色细线

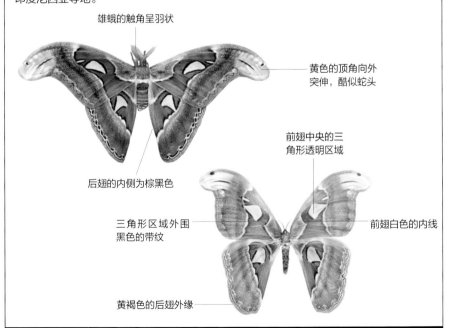

雄蛾的触角呈羽状

黄色的顶角向外突伸，酷似蛇头

后翅的内侧为棕黑色

前翅中央的三角形透明区域

三角形区域外围黑色的带纹

前翅白色的内线

黄褐色的后翅外缘

活动时间： 夜晚　｜　**采食：** 口器脱落，不能进食。

别名： 绿尾天蚕蛾、月神蛾、燕尾蛾、水青蛾、绿翅天蚕蛾　　**科属：** 大蚕蛾科绿尾大蚕蛾属
翅展： 10 ~ 13 厘米

绿尾大蚕蛾

　　绿尾大蚕蛾的身体粗大，上有白色的絮状鳞毛，触角黄褐色，羽状。其翅膀呈淡青绿色，基部有白色的絮状鳞毛，灰黄色的翅脉明显，缘毛为浅黄色。前翅前缘有一条纵带和胸部的紫色横带相连。后翅的臀角呈长尾状，后翅尾角边缘有浅黄色的鳞毛，前、后翅的中部中室端分别有一个椭圆形的眼状斑。

　◑ **幼体期：** 幼虫身体粗壮，呈黄绿色，体节近六角形，生有肉突状的毛瘤，瘤上有白色的刚毛以及褐色的短刺。幼虫以杜仲、果树等寄主植物的叶片和嫩芽为食物。

　◑ **分布：** 亚洲。

身体被有白色的絮状鳞毛　　黄褐色的羽状触角

灰黄色的翅脉

翅膀呈淡青绿色

中室端的椭圆形眼状斑

后翅的臀角呈长尾状

活动时间：夜晚	**采食：口器已退化，不能进食。**

别名： 无　　**科属：** 大蚕蛾科　　**翅展：** 9 ~ 15 厘米

银杏大蚕蛾

　　银杏大蚕蛾的身体为灰褐色或紫褐色，雌蛾触角呈栉齿状，雄蛾的触角呈羽状。前翅内横线为紫褐色，外横线则为暗褐色，中间有一个三角形的浅色区，中室端部有透明的斑，呈月牙形。后翅从基部到外横线之间有较宽的红色区，亚缘线区为橙黄色，缘线为灰黄色，中室端部有一个较大的眼状斑，后翅臀角处有一个月牙形斑。

　◑ **幼体期：** 寄主植物为银杏、苹果、梨、柿等。幼虫以寄主植物的叶片为食物，在 5 ~ 6 月进入为害盛期，能把叶片吃光。

　◑ **分布：** 中国东北、华北、华东、华中、华南、西南等地。

前翅中间的三角形的浅色区

雄蛾的羽状触角

后翅中室的眼状斑

身体为灰褐色或紫褐色

活动时间：夜晚	**采食：花蜜、腐烂的果实、植物汁液等。**

别名： 无　　**科属：** 大蚕蛾科
翅展： 7.5 ~ 10.8 厘米

北美长尾水青蛾

　　北美长尾水青蛾是一种美丽而壮观的独特蛾类，有比较丰满的毛皮状躯体，前翅前缘为黑褐色，有一个较为清晰的眼状纹，前后翅边缘均有红色的边，后翅中部有一个眼状纹，尾状突起较长，突起的内缘为淡黄色。突起的颜色从黄绿色到淡蓝绿色不一，由于地区和季节而存在差异。其雌雄蛾两性相似，雄蛾的羽毛状触角更加粗壮。

近前缘的眼状纹

后翅中部的眼状纹

尾状突起较长

○ 幼体期：幼虫身体肥胖，绿色，上面有深粉红色的凸斑。幼虫以寄主植物桦木、赤杨等阔叶树的叶片和嫩芽为食物。

○ 分布：美国，向南至墨西哥一带。

活动时间：夜晚 ｜ **采食：口器退化，不能进食。**

别名： 胡桃黄蛾　　**科属：** 大蚕蛾科　　**翅展：** 9.5 ~ 16 厘米

黄斑天蚕蛾

　　黄斑天蚕蛾躯体有淡黄色的条纹，胸部有鞍形的斑点；前翅呈灰色，有深橙色的脉纹和淡黄色的卵形斑；后翅为橙褐色，有不规则的淡黄色斑，脉纹较暗。雌雄蛾两性基本相似，雌蛾比雄蛾稍大些。

前翅呈灰色

淡黄色的卵形斑

后翅为橙褐色

躯体有淡黄色的条纹

○ 幼体期：幼虫身体呈绿色，比较引人注意，头部后面着生着一组大的分枝角。以山核桃和胡桃等寄主植物的叶片为食物，取食的树木广泛，被认为是山核桃的"长角魔王"。

○ 分布：美国东南部等地。

活动时间：夜晚 ｜ **采食：花蜜、腐烂的果实、植物汁液等。**

别名：无　科属：大蚕蛾科
翅展：8 ~ 17.5 厘米

尖翅天蚕蛾

　　尖翅天蚕蛾的体型较大，躯体较肥胖，翅膀呈黄色，比较容易识别。前翅前缘为紫褐色，前翅和后翅上面均分布有粉褐色至紫褐色的斑点、色带和碎斑，前后翅中部各有一个褐色的小眼纹，后翅有一条波纹状的褐色条带，将后翅分成两个部分，其色彩和造型各不相同。

◑ 幼体期：幼虫多毛，呈绿色或褐色，背上有黄色或红褐色的肉质短须。幼虫以各种寄主植物的叶片为食物。

◑ 分布：美国，加拿大南部等地。

前翅前缘为紫褐色

前翅中部的褐色小眼纹

翅膀呈黄色

后翅波纹状的褐色条带

活动时间：夜晚 | 采食：花蜜、腐烂的果实、植物汁液等。

别名：无　科属：大蚕蛾科　翅展：7.5 ~ 9.5 厘米

圆翅天蚕蛾

　　圆翅天蚕蛾身体较肥胖，雄蛾翅膀以黑褐色为主，前翅顶角有一道白色锯齿状的斑纹，斑纹下方有一个黑色的眼纹，眼纹内边缘有一条白色半圆形的线。中部有一道白色的斑点，翅边缘的颜色较淡。雌蛾翅膀为鲜艳的红褐色至暗褐色，翅膀中间有淡色的线纹和斑点。

◑ 幼体期：幼虫身体呈绿色，背上靠近头部有 4 枚红色突起，近尾部有一个黄色突起。幼虫以多种树木和灌木的叶片为食物，包括安息香和各种果树。

◑ 分布：从加拿大南部到美国东南部。

翅膀以黑褐色为主

雄蛾

黑色的眼纹

后翅近外缘的斑点列

后翅中间的淡色斑点

活动时间：夜晚 | 采食：花蜜、腐烂的果实、植物汁液等。

别名：无　科属：大蚕蛾科
翅展：11～15 厘米

北美天蚕蛾

雄蛾

北美天蚕蛾翅膀图案明显，易辨认。其红色的躯体上分布有独特的白色带，头部后面有白色的颈圈，翅膀多为深褐色。前翅中部有白色粉红色带，翅端有较小的红色斑点，顶角有一道白色的锯齿状斑纹，斑纹下方有一个黑色的眼纹，眼纹下方有黑色的斑点。后翅中部有一个月牙形的淡色斑纹。

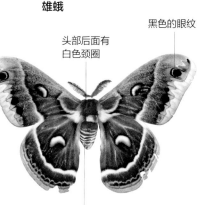

头部后面有白色颈圈

黑色的眼纹

红色躯体上有白色带

○ 幼体期：幼虫身体为绿色，沿背部有鲜黄色棒形的隆起，下面有蓝色的隆起，以阔叶树和灌木的叶片为食物。

○ 分布：加拿大南部经美国延伸至墨西哥等地。

活动时间：白天、夜晚 ┃ 采食：花蜜、腐烂的果实、植物汁液等。

别名：无　科属：大蚕蛾科　翅展：8～13 厘米

白星橙天蚕蛾

白星橙天蚕蛾前翅前缘为白色，上面缀有黑色的细斑点，前缘有一个白色的小三角斑，翅外缘呈淡黄色。后翅眼纹较大，周围是浓黑色的圈。其雌雄两性的翅膀均为偏淡灰的米黄色，腹部有红褐色的毛。

前翅前缘为白色

白色的小三角斑

后翅的大眼纹

翅外缘呈淡黄色

○ 幼体期：幼虫身体呈绿色，长有较尖的橙色和红色肉赘，两侧有黄白色条纹，色彩较为鲜明，以桉树、胡椒木、银桦等许多树木的叶子为食物。幼虫能够在它经常进食的桉树的嫩叶上进行伪装。

○ 分布：澳大利亚北部地区至昆士兰、维多利亚、新西兰等地。

活动时间：夜晚 ┃ 采食：花蜜、腐烂的果实、植物汁液等。

別名：无　　科属：大蚕蛾科
翅展：8～11厘米

黑带红天蛾

　　黑带红天蛾雌雄两性相似，触角为白色，胸部外侧有白色的边，背部为黑色，躯体呈深粉红色，横向有数条黑色的带，纵向有一条中心色带，呈淡褐色。前翅呈暗褐色，衬有淡灰褐色的晕渲和黑色的细条纹，翅外缘颜色较淡。后翅呈微暗的淡粉红色，基部、中部和外缘处有3条黑色带。

● 幼体期：幼虫丰满，身体呈鲜黄色，沿两侧有一列醒目的斜向紫条纹，还有带有刺的黑色尾角；多以普通水蜡树和丁香的叶片为食物。

● 分布：遍及欧洲，越过亚洲温带地区至日本等地。

背部为黑色

前翅呈暗褐色

后翅外缘处的黑带

躯体呈深粉红色

活动时间：夜晚 | 采食：花蜜、腐烂的果实、植物汁液等。

別名：蓖麻蚕蛾　　科属：大蚕蛾科　　翅展：9～14厘米

真珠天蚕蛾

　　真珠天蚕蛾属大型蛾类，胸部呈毛状，有白色的斑点。翅膀底色从土黄褐色至橄榄绿或橙褐色不等，有淡色的宽带横跨前翅和后翅，各翅中央均有一个半透明状的窄月牙形斑，这都属本种类的特征。前翅端部有一个黑色的眼纹，有纵向的黑线贯穿全翅。雄蛾的触角羽毛比雌蛾更丰满，前翅比雌蛾伸出的部分更长。

● 幼体期：幼虫长有蓝绿色的肉棘，身体覆盖着白色的粉末。幼虫以臭椿树叶、水蜡树以及丁香树叶为食物。

● 分布：亚洲、北美以及欧洲部分地区。

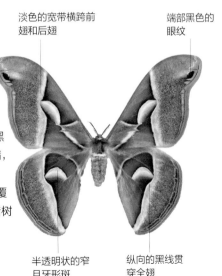

淡色的宽带横跨前翅和后翅

端部黑色的眼纹

半透明状的窄月牙形斑

纵向的黑线贯穿全翅

活动时间：夜晚 | 采食：花蜜、腐烂的果实、植物汁液等。

别名：春蚕、槲蚕、山蚕　　**科属：**大蚕蛾科柞蚕属
翅展： 14 ~ 16 厘米

柞蚕蛾

　　柞蚕蛾全身长有鳞毛，体翅为黄褐色，肩板和前胸的前缘呈紫褐色。前、后翅均有一对膜质的眼状斑，斑纹周围有黑、红、蓝、白等色的线条轮廓，后翅眼纹周围的黑线较明显。前翅前缘呈褐色，杂有白色的鳞毛，前翅顶角向外凸出，较尖。前、后翅的内线均呈白色，外侧的为紫褐色，外线为黄褐色，亚端线则为紫褐。雌雄蛾两性外形相似，雌蛾稍大些，雄蛾翅膀的色彩则比较鲜艳。

● 幼体期：初孵化的蚁蚕喜欢吃掉卵壳，一至三龄的小蚕喜欢吃嫩柞叶，四至五龄的大蚕喜欢吃熟的柞叶。蚁蚕身体呈黑色，头部为红褐色，有青黄蚕、杏黄蚕和白蚕等类型。

● 分布：中国、朝鲜、韩国、俄罗斯、乌克兰、印度和日本等地。

黄褐色的翅膀

身体呈黄褐色

全身长有鳞毛

顶角向外凸出

前翅前缘呈褐色，
杂有白色的鳞毛

后翅眼纹周围
的黑线较明显

后翅膜质的眼状斑

活动时间：夜晚　**采食：**花蜜、腐烂的果实、植物汁液等

别名：长尾水青蛾　　科属：大蚕蛾科尾蚕蛾属
翅展：9～12 厘米

长尾大蚕蛾

长尾大蚕蛾是世界上尾突最长的蛾，每年发生两代，成虫一般在 4～7 月间出现。其雌、雄颜色完全不同，雄蛾身体为橘红色，翅膀以杏黄色为主，外缘的粉红色带较宽。雌、雄蛾的前翅中室均有眼状斑，后翅有一对细长的尾突，尾突都带有粉红色。雌蛾身体为白色，触角为黄褐色，肩板后缘呈淡黄色。前翅为粉绿色，外缘黄色，中室眼状斑的中央为粉红色，内侧的波形黑纹较宽，外线为黄褐色。后翅后角的尾突细长，呈飘带状，尾突橙红色，近端部为黄绿色。

◑ 幼体期：幼虫较为丰满，为鲜黄绿色，身上着生有深黄色或橙色的肉赘，以阔叶树和灌木的叶片、嫩芽为食物。

◑ 分布：从印度到斯里兰卡，至中国、马来西亚、印度尼西亚等地。

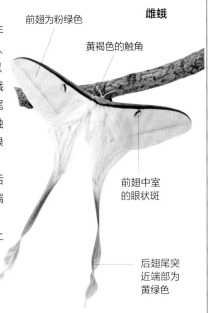

雌蛾

前翅为粉绿色

黄褐色的触角

前翅中室的眼状斑

后翅尾突近端部为黄绿色

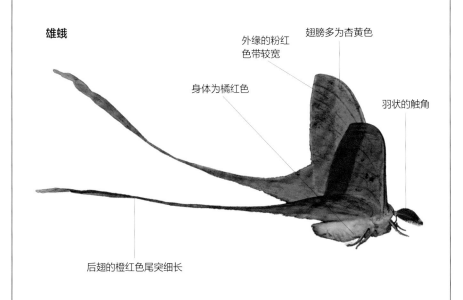

雄蛾

翅膀多为杏黄色

外缘的粉红色带较宽

身体为橘红色

羽状的触角

后翅的橙红色尾突细长

活动时间：夜晚	采食：花蜜、腐烂的果实、植物汁液等。

別名：大皇蛾、维也纳皇蛾　科属：大蚕蛾科
翅展：10～15 厘米

欧亚环纹天蚕蛾

　　欧亚环纹天蚕蛾是欧洲当地最大的蛾类，容易辨认。雌雄蛾两性相似，身体上分布的图案和翅膀上的图案相配，翅膀呈褐色，上面分布有红色、黑色以及褐色的眼纹，前翅端有黑褐色的小斑点，翅上还分布有明暗相间的色带和闪电状的褐色纹，前缘弥漫着大面积的银白色，两翅均有淡色的外缘带。

◐ 幼体期：幼虫为鲜黄绿色，上生有若干凸出的蓝色肉赘，并长有黑色的簇毛，身体侧面有白色的线纹，以栎树、苹果树以及其他阔叶树的叶片为食物。

◐ 分布：中欧、南欧以及西亚和北非等地。

翅膀呈褐色

前翅端的黑褐色小斑点

后翅中部的眼纹

后翅淡色的外缘带

活动时间：夜晚 ｜ 采食：花蜜、腐烂的果实、植物汁液等。

別名：无　科属：大蚕蛾科　翅展：6～10 厘米

条纹长尾蛾

　　条纹长尾蛾被不少人认为是欧洲最美的蛾类，其雌雄有异，翅膀上均有红褐色脉纹，比较醒目，前后翅外廓镶嵌有深褐色的边，各翅均缀有一个白心眼纹，心外有半黄半紫蓝色的环，环里面有红褐色的条，翅外缘有鲜明的黄绿色带。雌蛾后翅的尾状突起短而宽，雄蛾后翅的尾状突起长而弯。

◐ 幼体期：幼虫身体呈黄绿色，分布着白色的细斑和栗褐色、白色的带，身上长着褐色的细长毛。幼虫以松树，尤其是林松和黑皮松的叶子为食物。

◐ 分布：西班牙中部，比利牛斯山区。

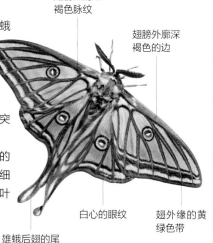

翅膀上的红褐色脉纹

翅膀外廓深褐色的边

白心的眼纹

翅外缘的黄绿色带

雄蛾后翅的尾状突起长而弯

活动时间：夜晚 ｜ 采食：花蜜、腐烂的果实、植物汁液等。

别名：虾壳天蛾、旋花天蛾、白薯天蛾、甘薯叶天蛾　　科属：天蛾科虾壳天蛾属

翅展：9 ~ 12 厘米

甘薯天蛾

　　甘薯天蛾的身体和翅膀均为暗灰色，腹部的背面呈灰色，两侧各节有白色、红色、黑色3 条横线，前翅内横线、中横线和外横线各为两条深棕色的条带，呈尖锯齿状。顶角有黑色的斜纹，后翅有 4 条暗褐色的横带。

◑ 幼体期：幼虫以寄主植物扁豆、赤豆、甘薯等植物的叶片为食物。老熟幼虫体色有两种，一种体背呈土黄色，侧面为黄绿色，杂有较大的粗黑斑，体侧有灰白色的斜纹，气孔红色；另一种虫体呈绿色，头部为淡黄色，体侧的斜纹为白色。

◑ 分布：中国东南、华南、台湾等地。

暗灰色的翅膀

前翅端呈尖形

后翅的暗褐色的横带

身体两侧有白色、红色、黑色 3 条横线

活动时间：夜晚　｜　**采食：花蜜、腐烂的果实、植物汁液等。**

别名：无　　科属：天蛾科　　翅展：5.6 ~ 7 厘米

条背天蛾

　　条背天蛾身体为橙灰色，头部和肩板两侧均有白色的鳞毛，前翅呈褐色，前翅自顶角至后缘基部有比较明显的银白色条纹，因此有 Silver-striped Hawk-moth 的俗名，中室有黑色圆点，翅后缘尖锐。后翅为棕黑色，基部为鲜艳的粉色，中室附近有 5 条倾斜的棕黑色条纹，有小瓣片，近边缘处颜色较淡，呈灰白色。

◑ 幼体期：幼虫身体的颜色变异较大，底色包括暗褐色、浅褐色以及绿色。幼虫以猪殃殃和美洲地锦等多种植物的叶片为食物。

◑ 分布：非洲到澳大利亚和南欧。

顶角至后缘基部的银白色条纹

中室的黑色圆点

中室附近倾斜的棕黑色条纹

后翅基部鲜艳的粉色

身体为橙灰色

活动时间：夜晚　｜　**采食：花蜜、腐烂的果实、植物汁液等。**

■ 别名：无　科属：枯叶蛾科翅枯叶蛾属
翅展：4 ~ 5.7 厘米

圆翅枯叶蛾

　　圆翅枯叶蛾的成虫一般在 7 月份出现，其雌雄两性相似，休息时翅膀以一种奇特的方式叠于背部，好像一束枯叶。其身体和翅膀均为红褐色，翅上有紫褐色的光彩，触角呈丝状。前翅外缘呈弧形，翅面宽圆，外缘为浅褐色，缘毛为黑褐色，亚外缘有较为明显的黑褐色线，顶角内侧到后缘中部有斜形的长斑纹，后翅为纯褐色。

翅外缘呈弧形

身体呈红褐色

红褐色的翅膀

休息时翅膀叠于背部，好像 1 束枯叶

❍ 幼体期：幼虫呈灰色，身体上生有若干肉质的瓣片，长有褐色的长毛。幼虫以黑刺李、山楂和豆科植物等的叶片为食物。

❍ 分布：中国广东。

活动时间：夜晚 | 采食：花蜜、腐烂的果实、植物汁液等

■ 别名：无　科属：枯叶蛾科　翅展：5 ~ 7.5 厘米

黄带枯叶蛾

　　黄带枯叶蛾的成虫在春季和夏季飞行，雄蛾在白天活动，触角呈羽毛状，雄蛾比雌蛾要小很多，翅缘为淡褐色，翅基部则为巧克力暗褐色，两者形成明显的对比。雌雄蛾的前翅中部均有一个白色的斑点，这是两性共有的特征。雌蛾则在夜间活动，其躯体肥胖，翅膀为淡褐色，有一条淡色的中央带。

前翅中部白色的斑点

雄蛾触角呈羽毛状

翅缘为淡褐色

翅基部呈巧克力暗褐色

❍ 幼体期：幼虫身体暗褐色的毛较多，生有黑色的环纹，以悬钩子、栎树、扫帚树和一些其他植物的叶子为食物。

❍ 分布：欧洲至北非等地。

活动时间：雄蛾白天，雌蛾夜晚 | 采食：花蜜、腐烂的果实、植物汁液等。

别名：枯叶蛾、苹叶大枯叶蛾　　科属：枯叶蛾科枯叶蛾属

翅展：6～9厘米

李枯叶蛾

　　李枯叶蛾的身体和翅膀有褐色、赤褐色、黄褐色等，头部颜色略淡，中央有一条黑色的纵纹，触角呈双栉状，雄蛾的腹部较细瘦。前翅缘颜色较深，前翅外缘和后缘略呈锯齿状，翅上有3条波状的黑褐色的横线，横线带有蓝色的荧光，近中室端有一个黑褐色的斑点，缘毛为蓝褐色。后翅短且宽，前缘部分为橙黄色，翅上有两条蓝褐色的横线，呈波状。外缘呈锯齿状，缘毛为蓝褐色。

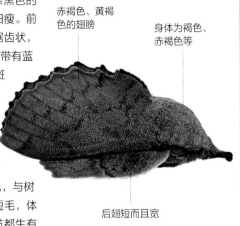

赤褐色、黄褐色的翅膀

身体为褐色、赤褐色等

后翅短而且宽

➲ 幼体期：幼虫以寄主植物的嫩芽和叶片为食物。其身稍扁平，暗褐到暗灰色，与树皮色相似。头部黑色，生有黄白色的短毛，体节的背面有两个红褐色的斑纹，各体节都生有毛瘤。

➲ 分布：中国东北、西北、华北等大部分地区。

外缘呈锯齿状

后缘略呈锯齿状

头部颜色略淡

后翅上波状的蓝褐色的横线

前缘部分为橙黄色

活动时间：夜晚　｜　采食：花蜜、腐烂的果实、植物汁液等

别名：无　科属：大蚕蛾科
翅展：10 ~ 13 厘米

大眼纹天蚕蛾

大眼纹天蚕蛾雌雄两性相似，每年生 1 ~ 2
代，在夏季飞翔。其种背部为红褐色，翅膀的
底色由黄至红褐色不一，由色带和眼纹组成的
独特的图案容易辨别。雄蛾触角为羽毛状，
前翅中室端部有一个眼纹，靠近前翅基
部有红色的边线纹，前翅端有两个黑
斑点。后翅的大眼纹呈灰色，内部有
柠檬形的斑块。

● 幼体期：幼虫为鲜黄绿色，助其在叶子中间
进行伪装，虫体丰满，沿着背部有驼峰和凸起
的红斑点，从斑点处生出毛；以阔叶树和灌木
的叶片为食物。

● 分布：美国和加拿大南部。

雄蛾触角为羽毛状　　前翅中室端部
　　　　　　　　　　的眼纹

背部为红褐色

后翅的大眼
纹内部有柠
檬形的斑块

黄褐色的外缘
带较宽

活动时间：夜晚 ｜ 采食：花蜜、腐烂的果实、植物汁液等。

别名：云纹天蛾　　科属：天蛾科　　翅展：7.5 ~ 7.9 厘米

榆绿天蛾

榆绿天蛾的胸背为墨绿色，腹部背面为粉
绿色，每腹节有黄白色的线纹。粉绿色的翅面
有云纹斑，前翅前缘的顶角有一块较大
的深绿色斑，呈三角形，后缘中部有一
块褐色斑。内横线外侧连成一块深绿色
的斑点，外横线呈两条波状纹。后翅为红
色，翅外缘为淡绿色，后缘角有墨绿色的斑。

● 幼体期：幼虫以寄主植物榆树、柳树、杨树、
槐树、桑树等园林植物的叶片为食物；身体为
鲜绿色，头部散生着小白点，其背线为赤褐色，
两侧有白色的线，尾角呈赤褐色。

● 分布：中国内蒙古、湖南、四川、福建、日本、
朝鲜、俄罗斯、欧洲等地。

前缘顶角有三角
形状深绿色斑

粉绿色的翅面

腹部背面每腹节
有黄白色的线纹

后翅为红色

活动时间：夜晚 ｜ 采食：花蜜、腐烂的果实、植物汁液等。

别名：凤仙花天蛾、芋叶灰褐天蛾　　科属：天蛾科
翅展：7 ~ 8 厘米

芋双线天蛾

　　芋双线天蛾每年可发生 1 ~ 2 代，有很强的趋光性，昼伏夜出。身体为褐绿色，胸部的背线为灰褐色，前翅为灰褐色，翅面有若干条灰褐色和黄白色的条纹。黑褐色的后翅有一条灰黄色横带，缘毛为白色。

◐ 幼体期：寄主植物有凤仙花、水芋、长春花、大丽花等多种花卉。幼虫有避光性，白天躲在枝杈背阴处，经常将叶片吃得残缺不全，严重时把花被吃光。老熟幼虫身体粗大，呈圆筒形，体色多为绿褐色和紫褐色，胸背部有两列黄白色点，两侧有黄色圆斑和眼状纹。

◐ 分布：中国华北以及江苏、浙江、江西、广东、台湾等地。

前翅为灰褐色

前翅面灰褐色的条纹

黑褐色的后翅

身体为褐绿色

活动时间：夜晚 | 采食：花蜜、腐烂的果实、植物汁液等。

别名：无　　科属：天蛾科　　翅展：7 ~ 12 厘米

巴纹天蛾

　　巴纹天蛾在热带整年都可见，比较引人注目，全身以不同深浅的绿色和紫粉色构成复杂的花纹，其触角尖端有明显的弯曲，前胸背板上有"八"字形的褐色斑纹，后翅为灰褐色，不规则的中央带与绿灰色，身体上的花纹和前翅相似。因此，当巴纹天蛾停栖在叶片中间时，不容易被发现。

◐ 幼体期：幼虫较大，为橄榄绿色，头后面的躯体上有两枚较大蓝色眼纹，尾角为黄色，有黑尖；以夹竹桃、葡萄和长春花属的叶片和嫩芽为食物。

◐ 分布：非洲和南亚以及欧洲等地。

触角尖端有明显的弯曲

前胸背板上"八"字形的褐色斑纹

后翅不规则的中央带与绿灰色

灰褐色的后翅

活动时间：夜晚 | 采食：花蜜、腐烂的果实、植物汁液等。

别名：栀子大透翅天蛾　　科属：天蛾科
翅展：4.5 ～ 5.7 厘米

咖啡透翅天蛾

　　咖啡透翅天蛾喜欢吸食花蜜，吸吮花蜜时翅膀悬停空中，尾部展开如鸟尾，经常被误认为蜂鸟。其身体呈纺锤形，触角为墨绿色，胸部背面为黄绿色，腹部背面前端为草绿色，中部为紫红色，后部为杏黄色。翅基为草绿色，翅膀呈透明状，翅脉为黑棕色，后翅内缘至后角有绿色鳞毛。尾部有黑色毛丛。

◎ 幼体期：寄主药用植物黄栀子和茜草科植物、咖啡等。幼虫以寄主植物的叶片为食物，有时吃得只剩下主脉和叶柄。末龄幼虫为浅绿色，头部呈椭圆形，前胸背板有颗粒状突起。

◎ 分布：中国山西、安徽、湖南、湖北、四川、福建、云南、台湾等地。

墨绿色的触角

翅膀呈透明状

黑棕色的翅脉

尾部的黑色毛丛

活动时间：白天 | 采食：花蜜。

别名：无　　科属：天蛾科　　翅展：7 ～ 8 厘米

基红天蛾

　　基红天蛾是一种比较常见的蛾类，其躯体较肥胖，呈褐色，其前翅和后翅的边缘均为波浪形，前翅的颜色为淡灰色至紫灰色，分布有颜色较深的带，翅膀边缘的颜色也比较深。前翅中室顶部有独特的白斑，比较明显。后翅有一块较大的斑块，呈红褐色，翅缘有一个明显向内凹入的部位。

◎ 幼体期：幼虫身体为黄色或蓝绿色，上面有细细的黑斑。幼虫以寄主植物白杨的叶片和嫩芽为食物。

◎ 分布：遍及欧洲以及亚洲温带地区。

前翅淡灰色至紫灰色

翅边缘为波浪形

后翅缘明显向内凹入

躯体较肥胖

活动时间：白天 | 采食：花蜜、腐烂的果实、植物汁液等。

别名： 人面天蛾　　**科属：** 天蛾科鬼脸天蛾属
翅展： 10 ~ 12.5 厘米

鬼脸天蛾

　　鬼脸天蛾每年发生一代，飞行能力较弱，夜晚会趋光。它们有较强壮的吻管，可以用它刺破蜂房的巢室，取食其中的花蜜。鬼脸天蛾的翅膀多呈杂乱的深黑褐色，雌雄蛾的差异不明显，胸部的背面有鬼脸形的斑纹，躯体呈黑色，腹部有黄色横带，前翅黑色、青色以及黄色相间，内横线和外横线分别由若干条深浅不一的波状线条组成，中室上有一个灰白色的点。后翅呈黄色，基部、中部和外缘处有 3 条较宽的黑色带。

胸部背面有鬼脸形的斑纹

色彩鲜艳的后翅

● 幼体期：寄主植物为茄科、马鞭草科、木樨科、紫葳科及唇形科植物。幼虫体型肥大，体色有黄、绿、褐、灰等多种，一龄幼虫身体大致为淡黄色。

● 分布：中国、日本、尼泊尔、印度、斯里兰卡、缅甸、菲律宾等地。

中部的黑色带

腹部的黄色横带

前翅深浅不一的波状线

中室有 1 个灰白色的点

后翅呈黄色

躯体呈黑色

前翅多呈杂乱的深黑褐色

后翅外缘处的黑色带较宽

活动时间：夜晚　**采食：花蜜、腐烂的果实、植物汁液等。**

别名：无　科属：天蛾科黄豹蚕蛾属
翅展：7 ~ 8.5 厘米

黄豹大蚕蛾

　　黄豹大蚕蛾体型较大，身体呈黄色，胸部前缘为灰褐色，触角呈双栉状，翅膀多为黄色。前翅前缘为灰褐色，褐色的内线呈波状，外线和亚端线均为褐色的锯齿状，顶角为粉红色，外侧有白色的闪电纹；下面有黑斑点，中室端有 1 个肾形的眼纹，眼纹中间为浅粉色，有棕色外围和赭黄色、褐色的轮廓。后翅的颜色和斑纹均和前翅的相同，只有亚端线颜色稍深，比前翅的稍粗些，另外，后翅的肩角发达。黄豹大蚕蛾个别种的后翅上有燕尾。

� **幼体期**：幼虫身体粗壮，一般生有较多的毛瘤，以寄主植物白粉藤及其他藤科植物的叶片为食物。

◐ **分布**：印度北部，中国青海、宁夏、福建、广东、海南、四川等地。

翅膀多为黄色

触角呈双栉状

身体呈黄色

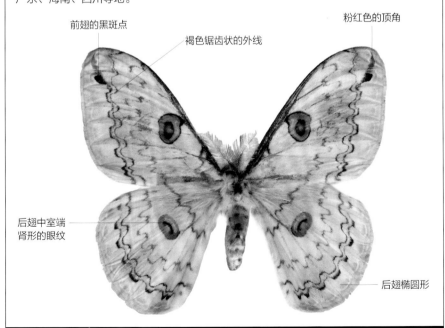

前翅的黑斑点

褐色锯齿状的外线

粉红色的顶角

后翅中室端
肾形的眼纹

后翅椭圆形

活动时间：夜晚｜采食：花蜜、腐烂的果实、植物汁液等。

别名：粉绿白腰天蛾、鹰纹天蛾　科属：天蛾科
翅展：8～9厘米

夹竹桃天蛾

　　夹竹桃天蛾的体色和底色为灰绿色或橄榄绿色，前胸背板上有一枚"八"字形的斑纹，呈灰白色，前翅中央有一条淡黄褐色的横带，和腹背的黄白色横斑在停栖时条纹相连，前翅基有一个小眼纹。近翅端有一条斜向的浅色横带，有一枚灰褐色的暗斑近臀部，暗斑到达后缘的位置。

◐ 幼体期：幼虫寄主夹竹桃科的日日春、马茶花、夹竹桃等有毒植物，以新梢叶片和嫩茎为食物。初龄幼虫身体为绿色，腹端有一根细长的黑色尾突，终龄幼虫粗大，尾突为橙色，胸背板上有一对框黑边的蓝白色拟眼大斑，形态好似外星人。各龄期幼虫体色多变，体型肥大，体侧有一条白色的纵纹。

◐ 分布：中国广东、广西、台湾、福建、四川、云南等地。

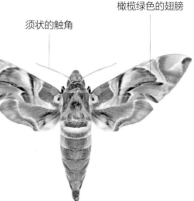

须状的触角

橄榄绿色的翅膀

前胸背板上"八"字形的灰白色斑纹

中央淡黄褐色的横带

身体为灰绿色或橄榄绿色

前翅基部的小眼纹

背部的黄白色横斑

近翅端斜向的浅色横带

腹部肥大

后翅近臀部有一枚灰褐色的暗斑

活动时间：夜晚　采食：花蜜、腐烂的果实、植物汁液等。

172　蝴蝶图鉴

别名：无　　科属：天蛾科
翅展：6 ~ 7.5 厘米

凹翅黄天蛾

　　凹翅黄天蛾躯体较肥胖，色彩范围从暗粉红色到红褐色或黄褐色，前翅上有橄榄绿色的斑块和变异的伪装图案，靠近前翅端有形状独特的色斑，翅外缘呈破布形。后翅呈黄褐色，臀部有较暗的色斑。

⊙ 幼体期：幼虫身体呈绿色，生有黄白色的小斑点，两侧有黄色条纹。幼虫以椴树和其他阔叶树木的叶片和嫩芽为食物。

⊙ 分布：欧洲至西伯利亚，日本等地。

前翅橄榄绿色的斑块

翅外缘呈破布形

躯体较肥胖

前翅黑褐色的斑块

靠近前翅端的形状独特的色斑

活动时间：夜晚 ｜ 采食：花蜜、腐烂的果实、植物汁液等。

别名：无　　科属：天蛾科　　翅展：5.3 ~ 7 厘米

狭翅黄天蛾

　　狭翅黄天蛾长且窄的前翅是其特征，其腹部有淡色的斜纹，前翅端有明显的缺口，后缘有黑褐色的斑点，后翅呈黄褐色。狭翅黄天蛾和其他天蛾科蛾之间的区别的地方是，沿着前翅外缘有 1 条暗褐色的条纹。

⊙ 幼体期：幼虫为黄绿色，身体两侧有绿白色或黄绿色的斜带，尾部有明显的角。幼虫以腰果和其他近缘植物的叶片为食物。

⊙ 分布：从阿根廷至美国佛罗里达等地。

前翅长而且窄

后翅呈黄褐色

前翅端有明显的缺口

腹部有淡色的斜纹

活动时间：夜晚 ｜ 采食：花蜜、腐烂的果实、植物汁液等。

别名：无　科属：天蛾科
翅展：5 ~ 8 厘米

青眼纹天蛾

　　青眼纹天蛾的躯体肥胖，头部呈暗红褐色，前翅为灰褐色，明暗不同，前翅端呈凹口型，后翅为深粉红色，有淡色的宽边，后缘有比较显眼的黑圈蓝色眼纹，有黑色条纹穿过眼纹。

● 幼体期：幼虫身体为绿色，身体两侧有对角线条纹，并且有紫粉色或蓝色直尾角，以寄主植物苹果树的叶片为食物。

● 分布：加拿大和美国。

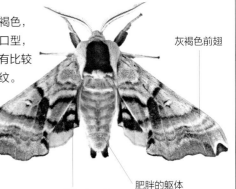

灰褐色前翅

肥胖的躯体

黑圈蓝色的眼纹

前翅端呈凹口型

活动时间：夜晚 ┃ 采食：花蜜、腐烂的果实、植物汁液等。

■ 别名：无　科属：天蛾科　翅展：4 ~ 6 厘米

小透翅天蛾

　　小透翅天蛾属于北美种的一个类群，身体肥胖，腹部有深红褐色的带，尾部长有鳞片。前后翅都具有透明的区域，里面有黑色脉纹，透明区周围有深红褐色的边，而翅基部和身体前部为橄榄绿色。后翅有红褐色的不规则的内缘。

● 幼体期：幼虫身体丰满，呈黄绿色，其背部有一些浅色的条纹，并且有黄色和绿色的尾角，以山楂和近缘植物的叶片为食物。

● 分布：加拿大和美国。

身体前部呈橄榄绿色

透明区周围深红褐色的边

前翅透明的区域

腹部深红褐色的带

身体肥胖

活动时间：夜晚 ┃ 采食：花蜜、腐烂的果实、植物汁液等。

别名：无　科属：天蛾科
翅展：4～5厘米

红裙小天蛾

　　红裙小天蛾比较独特，双翅强而有力，扇动极快。其身体宽阔，呈灰褐色，触角粗壮，灰褐色的前翅上分布有黑色的细线，后翅为杏红色，边缘为深色，尾部呈扇形，雌雄两性相似。当红裙小天蛾在花朵前盘旋，用其伸长的吸管吸吮花蜜时，动作像蜂鸟。因此时常被误认为是蜂鸟。

○ 幼体期：幼虫身体为绿色或褐色，尾上有蓝色的角，以猪殃殃的叶子为食物。

○ 分布：原生南欧、北非，跨越亚洲至日本等地。

触角粗壮

灰褐色的前翅

后翅为杏红色

扇形的尾部

活动时间：白天 ｜ 采食：花蜜、腐烂的果实、植物汁液等。

别名：无　科属：天社蛾科　翅展：5.5～7厘米

顶纹天社蛾

　　顶纹天社蛾是一种比较独特的蛾种，前翅呈紫灰色，弥漫着亮银灰色，并分布着黑色和褐色的斑纹，前翅缘呈波浪形，后翅颜色较淡，其休息时会将淡色后翅隐藏起来。顶纹天社蛾的俗名"Buff-tip"来源于前翅淡黄色的斑块，这个斑块能让顶纹天社蛾在休息时伪装成嫩树枝的端部，不被天敌发现。

○ 幼体期：幼虫身体为橙黄色，分布有黑色的带，以各种阔叶树叶和灌木叶片为食物。

○ 分布：欧洲至西伯利亚等地。

紫灰色前翅弥漫着亮银灰色

翅缘呈波浪形

淡黄色斑块能让它们伪装成嫩树枝的端部

黑色的斑纹

活动时间：夜晚 ｜ 采食：花蜜、腐烂的果实、植物汁液等。

別名：无　　科属：天蛾科
翅展：7 ~ 8 厘米

黄脉小天蛾

　　黄脉小天蛾分布广泛，几乎遍及全世界，它们喜欢访花，比如结草和忍冬等。黄脉小天蛾的躯体上有独特的色斑和粉白色的条纹，前翅呈暗橄榄褐色，翅面上分布有淡黄色的带和条纹。后翅呈粉红色，围以黑边，前翅和后翅均有淡灰褐色的边缘。

�○ 幼体期：幼虫身体呈暗绿色或黑色，点缀有黄色斑点。它们取食多种植物的叶片，包括猪殃殃等。

�○ 分布：南美和北美、欧洲、非洲、亚洲和澳大利亚。

前翅呈暗橄榄褐色

前翅淡黄色的带

粉红色的后翅围有黑边

躯体上有粉白色的条纹

淡灰褐色的翅缘

活动时间：夜晚、白天 ｜ 采食：花蜜、腐烂的果实、植物汁液等。

別名：无　　科属：大蚕蛾科　　翅展：10 ~ 16 厘米

非洲眼纹天蚕蛾

　　非洲眼纹天蚕蛾背部呈红褐色，翅膀的颜色从红褐色到暗紫色不等。前翅和后翅均有显眼的淡色带，前翅前缘呈白色，端部向外凸出，中部有半透明的淡色带。后翅中部有一个黄色或红色的大眼纹，中心透明，比较显眼。

� 幼体期：幼虫身体呈暗黑色，头部后面长有黑色的刺，身体其余的部位有黄白色的突起，以许多类植物包括朴属和榄仁树属植物的叶片为食物。

◯ 分布：遍及非洲，包括撒哈拉沙漠南部，马达加斯加。

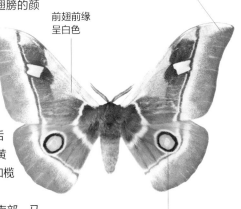

前翅端部向外凸出

前翅前缘呈白色

后翅中部的黄色大眼纹

活动时间：夜晚 ｜ 采食：花蜜、腐烂的果实、植物汁液等。

■ 别名：无　科属：灯蛾科
翅展：6～9厘米

圈纹灯蛾

　　圈纹灯蛾的前翅有独特的黑褐色至蓝黑色的环状斑，后翅边缘有黑斑，很引人注目，因此容易辨认。前翅花纹连续经过头部和胸部，后翅比前翅平淡。雄蛾的后翅内缘呈暗色，雌蛾的黄斑在腹部有连续的出现。

◐ 幼体期：幼虫多毛，身体呈黑色，各体节之间有深红色的环，在防卫时会亮出，变得卷曲，以示警告；取食多种植物的叶片，包括李属植物和芭蕉。

◐ 分布：加拿大东南部，经美国东部至墨西哥等地。

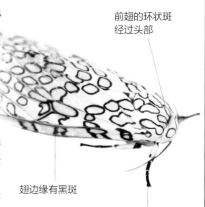

前翅的环状斑经过头部

翅边缘有黑斑

长长的触角

活动时间：夜晚 ┃ 采食：花蜜、腐烂的果实、植物汁液等。

■ 别名：无　科属：灯蛾科　翅展：3～4厘米

圆翅红灯蛾

　　圆翅红灯蛾胸部长有褐色的绒毛，腹部呈红色，有数排黑色的斑点。前翅和后翅均呈半透明状，前翅为褐红色或淡红色、灰褐色，前翅中心有独特的黑斑点，而后翅则为粉色或红色，翅缘饰有黑色的大斑点，容易辨认。

◐ 幼体期：幼虫呈褐色，身上覆盖有红褐色或黄褐色的毛，以广泛的低矮植物的叶片和嫩芽为食物，包括酸模。

◐ 分布：日本、加拿大，欧洲至北非，美国北部。

前翅为褐红色或淡红色、灰褐色

中心有独特的黑斑点

红色的腹部有数排黑色的斑点

后翅为粉色或红色

活动时间：夜晚 ┃ 采食：花蜜、腐烂的果实、植物汁液等。

别名：无　科属：灯蛾科
翅展：4.5 ~ 5.5 厘米

白纹红裙灯蛾

白纹红裙灯蛾的腹部呈红色，中央有黑色的条纹，前翅呈绿黑色，翅面分布有黄白色的斑点，前翅的图案连续跨越胸部，然而有些蛾翅面上的斑点会缩小不少。后翅呈红褐色，点缀有黑色的斑块。

◑ 幼体期：幼虫身体黑色，有丛生的黑色和灰色的毛，沿着背部以及身体两侧有断续的黄白色带。幼虫以康富利酸模和其他植物的叶片为食物。

◑ 分布：遍及欧洲，向东至亚洲温带地区。

前翅呈绿黑色

黄白色的斑点

黑色的斑块

红褐色的后翅

活动时间：白天　采食：花蜜、腐烂的果实、植物汁液等。

别名：无　科属：灯蛾科　翅展：5 ~ 6 厘米

红裙灯蛾

红裙灯蛾的前翅呈黄白色，翅面上分布有黑色的条纹，前翅的图案连续跨越胸部。后翅一般呈红色，分布有数个不规则的黑斑，但是有的变种蛾后翅呈现为黄色。

◑ 幼体期：幼虫身体为暗褐色，长有黄褐色的短毛，背部和两侧有黄色的带。幼虫以某一范围内的低矮植物的叶片为食物。

◑ 分布：欧洲至亚洲温带地区。

翅面分布有黑色的条纹

不规则的黑斑

前翅呈黄白色

后翅一般呈红色

活动时间：白天、夜晚　采食：花蜜、腐烂的果实、植物汁液等。

■ 别名：无　科属：灯蛾科
翅展：3 ~ 4 厘米

红裳灯蛾

　　红裳灯蛾在白天飞行时经常被认为是蝴蝶，其背部呈黑色，腹部有黑色的光泽。前翅呈绿黑色，翅面上有鲜明的红色条纹和斑点，所以比较容易辨认。后翅一般为红色，后翅缘为黑色，但是也会出现有黄色型后翅的蛾种。

◐ 幼体期：幼虫身体为橙黄色，周围有黑色的粗环，以千里以及瓜叶菊的叶片为食物。

◐ 分布：遍及欧洲和不列颠群岛。

身体有黑色的光泽

绿黑色的前翅

翅面上鲜明的红色条纹

黑色的后翅缘

后翅一般呈红色

活动时间：白天　采食：花蜜、腐烂的果实、植物汁液等。

■ 别名：无　科属：灯蛾科　翅展：4 ~ 5 厘米

黑褐灯蛾

　　黑褐灯蛾的头部呈鲜橙色，触角较长，翅膀颜色为暗褐色，腹部背面具有光辉的金属蓝色，这是其最与众不同的特点，金属蓝色延伸到前翅的基部，后翅缘呈白色。当黑褐灯蛾在花丛中取食的时候，就好像一只胡蜂。

◐ 幼体期：幼虫身体呈灰色，多变，长有黄色或黑色的毛，以禾草和莎草的叶片为食物。

◐ 分布：美国北部，加拿大等地。

长长的触角

头部呈鲜橙色

金属蓝色延伸到前翅的基部

翅膀颜色为暗褐色

活动时间：白天、夜晚　采食：花蜜、腐烂的果实、植物汁液等。

別名：黄带地榆蛾　　科属：灯蛾科
翅展：3 ~ 4 厘米

黄带黑鹿子蛾

　　黄带黑鹿子蛾的触角尖端为白色，背部黑色，蓝黑色的胸背上有黄色的斑点，蓝黑色的腹部分布黄色的宽带，因此又被称为"黄带地榆蛾"。其前翅上有6枚白色的斑点，后翅上也具有白色的斑点。黄带黑鹿子蛾和其他地榆蛾如白斑黑斑蛾、红带斑蛾等不属于同一科。

◑ 幼体期：幼虫身体呈灰色，多毛，以多种低矮植物的叶片为食物。

◑ 分布：中欧、南欧以及中亚等地。

触角尖端为白色

蓝黑色的胸背
有黄色斑点

前翅上有6枚
白色的斑点

腹部的黄色宽带

后翅上的
白色斑点

| 活动时间：白天 | 采食：花蜜、腐烂的果实、植物汁液等。 |

別名：无　　科属：灯蛾科　　翅展：5 ~ 7.5 厘米

白网红灯蛾

　　白网红灯蛾的前翅有白色和褐色两种色彩，后翅呈红色，分布有数个蓝黑色的斑点，比较显眼，容易辨认，后翅缘为淡橙色。胸部为褐色，毛皮状，头部、背部为黑褐色，红褐色的腹部分布有黑色的斑点。前后两翅上的斑纹变异较大，偶尔会有黄色型的白网红灯蛾，比较稀少。

◑ 幼体期：幼虫身体呈黑色，身体下部和第一节周围有锈红色的毛，看上去毛茸茸的，显得笨拙；以广泛的低矮植物和阔叶灌木的叶片为食物。

◑ 分布：欧洲，横跨亚洲温带地区至日本等地。

背部为黑褐色

前翅的褐
色斑块

后翅呈红色

蓝黑色的斑点
比较显眼

| 活动时间：夜晚 | 采食：花蜜、腐烂的果实、植物汁液等。 |

■ 别名：无 　科属：灯蛾科
翅展：3 ~ 5 厘米

黑点白灯蛾

　　黑点白灯蛾的这个俗名准备描述了其前翅，颜色为白色至黄白色，分布有不同的小黑点。胸部呈白色的毛皮状，腹部有独特的警戒图案。后翅呈白色，有少量的黑斑。有些变种翅膀上的黑斑更大，范围也更宽，连在一起能形成条纹，而有些蛾的前翅上面却没有黑斑。

◐ 幼体期：幼虫呈绿褐色，身体多毛，其背部有一条橙色或红色的线纹，以广泛的低矮植物的叶片为食物。它的运动速度很快，所以它的学名有"飞足"的意思。

◐ 分布：欧洲，跨越亚洲至日本等地。

头部的白色绒毛

前翅为白色至
黄白色

黑斑连在一起形成条纹

| 活动时间：白天 | 采食：花蜜、腐烂的果实、植物汁液等。 |

■ 别名：可爱群夜蛾 　科属：夜蛾科 　翅展：7 ~ 8 厘米

带裙夜蛾

　　带裙夜蛾是北美众多红裙夜蛾中的一种，也是北美最广泛且最多的一种带夜蛾。其被称为"贤妻"，躯体比较强壮，雌雄两性相似，在夏天到秋天这一段时期飞翔。用于伪装的前翅图案差异比较大，从有斑纹的深灰褐色到几乎全黑色。粉红色的后翅有两条不规则的黑色带，后翅缘的色带近臀部呈凹入型。

◐ 幼体期：幼虫较长，身体呈灰色，皮肤异常粗糙，它趴伏在嫩枝上休息时，难以被发现。幼虫以栎树的叶子为食物。

◐ 分布：加拿大南部至佛罗里达等地。

强壮的躯体

前翅深灰褐色
的斑纹

粉红色的后翅

两条不规则
的黑色带

| 活动时间：夜晚 | 采食：花蜜、腐烂的果实、植物汁液等。 |

别名：无　　科属：夜蛾科
翅展：11 ~ 15 厘米

非洲大黑蛾

雌蛾

非洲大黑蛾的体型较大，身体多毛，翅膀呈暗褐色，前翅较尖锐，中室部为有一个深色的逗号形斑点，逗号斑覆盖金属蓝色鳞片，前翅缘呈波浪形，有白色弥漫于翅缘。后翅近方形，后缘有一个黑褐色的大眼纹，眼纹呈牙齿状，翅缘呈锯齿状，沿着翅缘有深色的波纹线。雌蛾有一个淡紫粉色的带贯穿前翅和后翅。

◐ 幼体期：幼虫身体呈暗褐色，接近尾部的颜色逐渐变淡，以山扁豆属和近缘植物的叶片为食物。

◐ 分布：热带南美和中美，以及美国加利福尼亚和美国南部地区。

翅膀呈暗褐色

中室部有深色的逗号斑

前翅缘呈波浪形

黑褐色的大眼纹呈牙齿状

活动时间：夜晚　|　**采食：** 花蜜、腐烂的果实、植物汁液等。

■ 别名：无　　科属：夜蛾科　　翅展：5.3 ~ 7 厘米

前橙夜蛾

前橙夜蛾色彩鲜艳，头部和前胸部为红褐色，前翅为黄色至橙黄色，饰有红色或紫色的宽带，翅端比较尖锐，后翅则为淡黄色。其雌雄两性相似。其英文俗名"Pink-barred Sallow"实有所误解，前橙夜蛾并没有粉红色的条纹。

◐ 幼体期：幼虫身体为红褐色或紫褐色，上面分布深色的小斑点，以柳属和低矮的植物叶片为食物。

◐ 分布：欧洲至亚洲温带地区以及加拿大南部、美国北部等地。

前翅色彩鲜艳，黄色至橙黄色

翅端比较尖锐

头部和前胸部为红褐色

紫红色的宽带

活动时间：夜晚　|　**采食：** 花蜜、腐烂的果实、植物汁液等。

别名：无　　科属：夜蛾科
翅展：7.5 ~ 9.5 厘米

蓝带夜蛾

　　蓝带夜蛾雌雄两性相似，触角细而且长，身躯肥胖，腹部呈灰褐色，其前翅有灰白色和深灰褐色的伪装图案。前翅和后翅的翅缘均为波浪状，后翅呈黑褐色，上面有显眼的暗蓝色的带。

○ 幼体期：幼虫身体较长，呈灰色，有褐色的斑纹。幼虫在嫩枝上休息时会将自己伪装起来，不被发现。主要以白蜡树和白杨的叶片为食物。

○ 分布：遍及中欧和北欧，横跨亚洲至日本等地。

触角细而且长

深灰褐色的伪装图案

暗蓝色的带比较显眼

波浪状的翅外缘

活动时间：夜晚　｜　采食：花蜜、腐烂的果实、植物汁液等。

別名：无　　科属：夜蛾科　　翅展：5 ~ 6 厘米

黑带黄夜蛾

　　黑带黄夜蛾雌雄两性均有变异，雄蛾前翅的颜色从褐色到褐黑色不等，近顶角处缀有特殊的黑斑，而雌蛾的前翅颜色则是从红色到黄褐色或灰褐色不等。其两性后翅均为深黄色，并且还带有黑色的边缘。

○ 幼体期：幼虫的颜色有不同，从灰褐色到鲜绿色不等，但是可以从幼虫背部两排黑色的断线来辨认其种，以酸模属草、蒲公英和草类为食物。

○ 分布：欧洲、北非和西亚等地。

前翅近顶角处有特殊的黑斑

鲜黄色的后翅

后翅的深黑色边缘

活动时间：夜晚　｜　采食：花蜜、腐烂的果实、植物汁液等。

别名： 燕凤蛾、榆长尾蛾、榆燕尾蛾、燕尾蛾   **科属：** 凤蛾科
翅展： 7.5 ~ 8.5 厘米

榆凤蛾

　　榆凤蛾白天飞翔和交配，夜间休息，没有趋光性。榆凤蛾形态像凤蝶，身体和翅膀为灰黑色或黑褐色，腹部各节后缘为红色。翅脉为黑色，前翅外缘为黑色的宽带，后翅有1个尾状的突起，后缘有两列不规则的红色或灰白色的斑点。

○ **幼体期：** 幼虫初孵时只食用叶肉，大龄幼虫则蚕食叶片。幼虫在白天时前潜伏在枝上，夜间大量进食。成熟幼虫身体为浅绿色，背部中央为浅黄色，各节均有黑褐色的斑点，全身覆盖着厚厚的白色蜡粉。

○ **分布：** 中国沈阳、北京、河南、贵阳等地。

身体为灰黑色

灰黑色或黑褐色的翅膀

前翅外缘的黑色宽带

黑色的翅脉

腹部各节后缘为红色

后翅尾状的突起

后缘红色或灰白色的斑点

活动时间：白天	采食：花蜜、腐烂的果实、植物汁液等。

别名： 杨木蠹蛾   **科属：** 木蠹蛾科木蠹蛾属   **翅展：** 7 ~ 8 厘米

芳香木蠹蛾

　　芳香木蠹蛾的身体呈暗灰色，触角呈扁线状，头部和前胸部为淡黄色，中后胸部、腹部和翅膀均为暗灰色，腹部有独特的色带，前翅翅面分布着龟裂状的黑色横纹。

○ **幼体期：** 寄主植物为槐树、杨树、柳树、栎树、苹果、香椿等。初孵幼虫为粉红色，大龄幼虫的体背为紫红色，黑色的头部有光泽，侧面为黄红色，前胸背板有两块黑斑，身体表面的有短粗的刚毛。幼虫孵化后取食韧皮部和形成层，蛀入木质部以后可向上或向下凿穿不规则的虫道。

○ **分布：** 中国上海、山东、东北，西北等地。

扁线状的触角

前翅龟裂状的黑色横纹

后翅为暗灰色

腹部独特的色带

活动时间：夜晚	采食：花蜜、腐烂的果实、植物汁液等。

別名：无　科属：毒蛾科
翅展：4～6厘米

舞毒蛾

雌蛾

舞毒蛾为有名的害虫蛾，在夏季飞行，雄蛾在白天活动，雌蛾根本不飞，雌雄两性间的差别较大。雄蛾翅面为淡黄褐色，前翅分布有暗褐色的花纹，后翅有暗褐色的边。雌蛾比雄蛾稍大，翅膀主要为白色，前翅上有显眼的黑色"∨"形斑，沿着翅缘有一列独特的黑斑点。

翅膀主要为白色

前翅上显眼的黑色"∨"形斑

躯体大而且长

○ 幼体期：幼虫为蓝灰色，背部有突出的红色、蓝色丛毛斑。幼虫以大部分的树和灌木的叶片为食物，以栎树为主。有时能把大片的森林绿叶吃干净，是严重的害虫。

○ 分布：欧洲、亚洲温带地区和北美洲等地。

活动时间：白天　|　**采食：花蜜、腐烂的果实、植物汁液等。**

■ 别名：无　**科属：**蝙蝠蛾科　**翅展：**4.5～6厘米

红日蝙蝠蛾

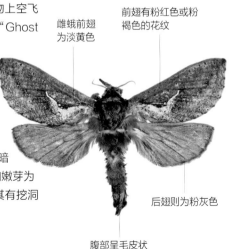

红日蝙蝠蛾的雄蛾黄昏时多在植物上空飞行、盘旋，如幽灵一般，其英文名"Ghost Moth"即由此而得来。雄蛾前后翅形状相似，为银白色。北部型的雄蛾翅上缀有花纹，花纹呈褐色。雌蛾一般比雄蛾稍大，腹部呈毛皮状，前翅为淡黄色，缀有粉红色或粉褐色的花纹，后翅则为粉灰色。

雌蛾前翅为淡黄色

前翅有粉红色或粉褐色的花纹

后翅则为粉灰色

腹部呈毛皮状

○ 幼体期：幼虫为黄白色，有较小的暗褐色斑点，以草根和其他植物的叶片和嫩芽为食物。有时被人们视为害虫，或由于其有挖洞的喜好，又被称为"獭蛾"。

○ 分布：遍布欧洲至亚洲等地。

活动时间：夜晚　|　**采食：花蜜、腐烂的果实、植物汁液等。**

別名：水蜡蛾　　科属：箩纹蛾科球箩纹蛾属
翅展：15 ~ 16.2 厘米

枯球箩纹蛾

　　枯球箩纹蛾由于翅纹像箩筐的条纹而得名，
是种大型蛾类，白天多待在树干或地上休息，
翅膀外展。其身体为黄褐色，触角为双林
齿状，雌蛾的触角林齿比雄蛾的稍短些。
前翅冲带下部呈球状，其上缀有 3 ~ 6 个
排成一列的黑斑，中带顶部外侧为齿状的
突出。前翅端部为枯黄斑，其中的 3 根翅脉
上有一些白色的人字纹，外缘有 7 个青灰色的
斑，斑点呈半球状，在其上方有两个黑斑。
后翅中线弯曲，外缘有 3 ~ 4 个半球形的斑
点，其余呈曲线形。

◎ 幼体期：幼虫为 4 个触角的软体虫，有一对
假眼生在顶项部。幼虫主要寄生在冬青、女贞
等植物上，是森林害虫。

◎ 分布：尼泊尔、印度、缅甸、中国以及日本
等地。

双林齿状的触角

身体呈黄褐色

后翅中线呈
弯曲状

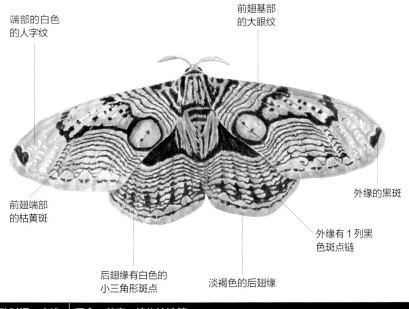

端部的白色
的人字纹

前翅基部
的大眼纹

前翅端部
的枯黄斑

外缘的黑斑

外缘有 1 列黑
色斑点链

后翅缘有白色的
小三角形斑点

淡褐色的后翅缘

活动时间：夜晚　　采食：花蜜、植物汁液等。

別名：野家蚕　　科属：蚕蛾科
翅展：3 ~ 4 厘米

家蚕蛾

　　家蚕蛾的身体较肥胖，腹部稍短，翅膀一般为白色，比较显眼，但不能飞行，然偶尔会有个别品系的翅膀为褐色。其前翅具有明显的纵脉，外缘至顶角内凹，前翅端呈钩形。

◎ 幼体期：幼虫以桑树的叶子为食，刚孵化的幼虫食量较大，中间经过 4 次蜕皮后结茧。初龄幼虫又被称作蚁蚕，身体呈黑色至黑褐色，体背部生有细毛，体型似蚂蚁，蜕皮为二龄转为白色。成蛾以后就不再进食。雌蛾交配后产卵，产卵以后雌蛾和雄蛾先后死去。

◎ 分布：欧洲、亚洲、非洲等地。

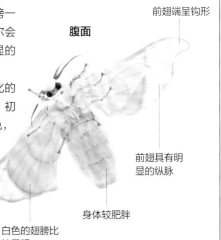

腹面

前翅端呈钩形

前翅具有明显的纵脉

身体较肥胖

白色的翅膀比较显眼

| 活动时间：不飞 | 采食：成蛾后不再进食。 |

別名：无　　科属：燕蛾科　　翅展：5 ~ 7 厘米

锦纹剑尾蛾

　　锦纹剑尾蛾是多尾凤蛾在南美的姊妹蛾，是加勒比海地区在白天飞行的蛾类中最为壮观的一种。其腹面呈淡金属的蓝绿色，分布有黑色的窄带。前翅有数条铜绿色的带，其中最宽 1 条带向后缘渐变成粉橙色。后翅覆盖多种虹彩的鳞片，内缘生有许多缘毛。尾状突起较长，呈剑状，这是本类蛾种独有的特征。

◎ 幼体期：幼虫有黑色、蓝色和白色的斑纹，这也许是有毒的标志，有特殊的棒形端的毛，以藤本植物的叶片为食物。

◎ 分布：牙买加。

最宽的带向后缘渐变成粉橙色

前翅的铜绿色带

内缘的缘毛

后翅被有多种虹彩的鳞片

| 活动时间：白天 | 采食：花蜜、腐烂的果实、植物汁液等。 |

别名： 无　　**科属：** 燕蛾科金燕蛾属
翅展： 7～9 厘米

日落蛾

　　日落蛾是白天飞行的蛾，其翅膀色彩艳丽，但翅膀本身没有色素，其色彩来自光的干涉。日落蛾被人们认为是最美丽、最富感染力的鳞翅目昆虫之一，收藏价值很高，是收藏家们追捧的对象。日落蛾和凤蝶很相似，特别是由于它的尾巴和绚丽的翅膀，很容易被认为是蝴蝶。日落蛾翅膀底色为黑色，分布有红色、绿色和蓝色的斑纹，图案变化较多，左右经常不对称。后翅的白鳞带较宽，后翅的 6 条尾，容易损坏或断掉，翅内缘有黑色的绒毛。

◑ **幼体期：** 幼虫的身体为乳黄色，有黑色斑点和红色的足，长有黑色的刚毛。它口中吐出的丝有助于它们黏住光滑的叶子。

◑ **分布：** 马达加斯加。

翅膀的色彩比较艳丽

黑色的身体

蓝色的斑纹

左右两翅的图案有时不对称

前翅的绿色斑纹

翅膀底色为黑色

翅内缘的黑色绒毛

后翅后缘缀有红色斑纹

后翅具有 6 条尾

活动时间：白天　**采食：** 花蜜、腐烂的果实、植物汁液等。

索引

大黄带凤蝶

黑脉金斑蝶

鸟翼裳凤蝶

优红蛱蝶